Mr.Know-All

从这里，发现更宽广的世界……

BOOKS

青少年科学与艺术素养丛书

我爱发明

小书虫读经典工作室 编著

天地出版社 | TIANDI PRESS

山东人民出版社 · 济南

国家一级出版社 全国百佳图书出版单位

图书在版编目（CIP）数据

我爱发明 / 小书虫读经典工作室编著. 一 成都：天地出版社；济南：山东人民出版社，2022.6
（青少年科学与艺术素养丛书；5）
ISBN 978-7-5455-7078-6

Ⅰ. ①我… Ⅱ. ①小… Ⅲ. ①创造发明—青少年读物
Ⅳ. ①N19-49

中国版本图书馆CIP数据核字（2022）第072443号

WO AI FAMING
我爱发明

出品人　杨　政
编　著　小书虫读经典工作室
责任编辑　李红珍　李菁菁
装帧设计　高高国际
责任印制　董建臣

出版发行　天地出版社
（成都市锦江区三色路238号　邮政编码：610023）
（北京市方庄芳群园3区3号　邮政编码：100078）
山东人民出版社
（山东省济南市市中区舜耕路517号11-14层　邮政编码：250003）
网　址　http://www.tiandiph.com
电子邮箱　tianditg@163.com
经　销　新华文轩出版传媒股份有限公司

印　刷　北京盛通印刷股份有限公司
版　次　2022年6月第1版
印　次　2022年6月第1次印刷
开　本　700mm×1000mm　1/16
印　张　300（全20册）
字　数　4800千字（全20册）
定　价　998.00元（全20册）
书　号　ISBN 978-7-5455-7078-6

咨询电话：（028）86361282（总编室）
购书热线：（010）67693207（营销中心）

总 序

聂震宁

一段时期以来，推广阅读特别是推广校园阅读时，推荐种类大都以文学或文史类居多，即使少量会有一点与科学相关，也还大都是科幻文学和科普文学作品，纯粹的科学与艺术知识类图书终归很少。这不能不说是一个很大的缺憾。

重视文史特别是文学阅读，当然无可厚非——岂止是无可厚非，应当说是天经地义！“以史为鉴，可以知兴替”，读文史书的意义古人早已经说得很深刻，而读文学的意义更是难以说尽。文学是人学，是对人的灵魂和精神的洗礼，是对人的心性、品格和气质的滋养。中国近代思想家、《少年中国说》的作者梁启超先生曾经指出：“欲新一国之民，不可不先新一国之小说。故欲新道德，必新小说；欲新宗教，必新小说；欲新政治，必新小说；欲新风俗，必新小说。”中国现代文学奠基人、著名文学家鲁迅先生年轻时认识到文学可以改善人们的思想觉悟，唤醒沉睡麻木的人们，激发公民的爱国热情，因而弃医从文，写出大量唤醒民众、震撼人心的文学作品，成为五四以来新文化运动的先驱和主将。

一个人如果在少年儿童时期阅读到许多优秀的文学作品，必将受益终生。优秀的文学作品能帮助我们树立壮丽而远大的理想，激发我们追求真理、勇攀高峰的勇气，引导我们对人生、社会、历史以及文学艺术形成深刻的理解和体悟。文学阅读不能没有，然而，科学知识的阅读同样也不能没有。科学是关于发现、发明、创造、实践的学问。科学能帮助我们了解物质世界的现象，寻求宇宙和自然的法则，研究自然世界的规律……通过科学的方法，人类逐渐掌握了物理、化学、地质学、生物学、自然以及人文科学等各个方面的知识和规律。人类的进步离不开科技的力量。科技不仅仅承载着人类未来和探索宇宙等重大使命，也与我们的日常生活息息相关。了解必备的科技知识，掌握基本的科学方法，形成科学思维，崇尚科学精神，并掌握一定的应用能力，对于少年儿童的成长具有特别重要的作用。

然而，长期以来，我国公民的科学素质都处于较低水平。相信很多朋友都还记得，2011 年日本发生 9.0 级强地震引发核泄漏事故，竟然在我国公众中引起了一场抢购食盐的风波。更早些时候，广东和海南等地“吃了得香蕉黄叶病的香蕉会得癌症”的谣传满天飞，致使香蕉价格狂跌不已，蕉农和水果商家损失惨重。虽然事情原因比较复杂，但公民科学素质不高显然是一个重要因素。社会上时不时就会出现的因为公民科学素质不高而轻信谣言传闻的事实，也一再提醒我们，必须下大力气提高公民科学素质。

关于我国公民科学素质相对处于较低水平的说法是有依据的。公民科学素质包含具备基本科学知识、具备运用科学方法的能力、具有科学思维科学思想，同时能够运用科学技术处理社会事务、参与公共事务。按照国际普遍采用的测量标准，经过科学的调查和测量，我国公民具备科学素质的比例一直比较低，在 2005 年只有 1.60%，2010 年也只有 3.27%，2015 年提高到 6.2%，但也只相当于发达国家 20 世纪 80 年代末的水平。经过近年来各级政府大力开展科学普及工作，2018 年我国公民具备科学素质的比例达到了 8.47%，与主要发达国家在这方面的差距进一步缩短。科学素质是决定人的思维方式和行为方式的重要因素，是人们过上更加美好生活的前提，更是实施创新驱动发展战略的基础。在科技日新月异、迅猛发展的今天，科技深刻地影响着经济社会人们生活的方方面面，公民科学素质已经成为国家综合实力的重要组成部分，成为先进生产力的核心要素之一，成为影响社会稳定和国计民生的直接因素。提高我国公民的科学素质，应当成为当前的一项紧迫任务。

“青少年科学与艺术素养丛书”就是为着提高我国的公民科学素质特别是少年儿童的科学素质而编著出版的。丛书由小书虫读经典工作室编著，整套图书共 20 册，其中涉及科学知识的有 10 册。

丛书的编著者清晰认识到，这是一套面向中国少年儿童读者的科学普及读物，应当在以下几个方面明确编著的思路和精心的设计。

第一，编著者主张着眼中国、放眼世界。编著的内容既要适合中国的少年儿童阅读，又要具有世界眼光，选题严格把控，既认真参考发达国家同年龄阶段科学教育的课程内容，又从中国青少年的阅读认知实际出发。

第二，编著者要求主题集中。每本书系统介绍相关主题，让读者集中掌握相关知识，在一定程度上达到专业知识完备的要求。

第三，鉴于青少年学习的兴趣需要培养和引导，编著者在坚持科学知识准确的前提下，努力让素材生活化、趣味化。科学与艺术并不是摆放在神坛上供人膜拜的圣物，而是需要通过一个个生动问题的解决来体现的。编著者希望这套图书既能够丰富少年儿童的课外阅读，让他们在快乐阅读中获取知识，又能帮助老师和父母辅导他们的课堂学习，激发他们发奋学习、勇攀高峰的兴趣和勇气。

第四，编著者力争做到科学知识与人文关怀并重。无论是书中问题的设计还是语言的表达，都要注意到体现正确的价值观、健康的道德情操和良好的审美趣味，要有利于培养少年儿童的大能力、大视野、大素质。

此外，这套图书在装帧设计和印制上下了很大功夫。装帧设计努力做到科学与艺术的有机结合，插图追求精美有趣。由于采用了高品质的纸张和全彩印刷，整套图书本本高品质，令人赏心悦目，足以让少年儿童读者在学习科学知识的同时也能得到美的享受。

在我国全民阅读特别是校园阅读蓬勃开展的今天，“青少年科学与艺术素养丛书“的出版无疑是一件值得肯定的好事。在阅读活动中，推广文史类特别是文学图书的阅读，将有利于提高公民特别是少年儿童的人文素质，而推广科技知识类图书的阅读，则将有利于提高公民特别是少年儿童的科学素质。国家要富强，民族要振兴，公民这两大素质是不可缺少的。

（聂震宁，编审，博士研究生导师，第十、十一、十二届全国政协委员，中国作家协会会员，中国出版集团公司原总裁，现任韬奋基金会理事长、中国出版协会副理事长）

推荐序

何　彦

20世纪的七八十年代，我在读小学和中学。那个时候信息与资料还比较匮乏，知识普及类图书不多，但这没有影响孩子们对自然科学和人文科学的好奇与热情。我和我的小伙伴们读着《十万个为什么》、《上下五千年》、叶永烈的科幻小说、大科学家们的故事……我们景仰着牛顿、爱迪生、居里夫人、华罗庚、陈景润……憧憬着国家实现现代化的美好蓝图，我们被知识激励，被科学家、历史学家引领，在不断学习中终于成为博学、有底蕴、眼界宽广的人。

几十年过去，出版、互联网和人工智能的发展进步使得知识的普及与传播实现了量的积累与质的飞跃。现在的孩子们是幸运的，他们面对着更为多元的知识和拥有着更为优质的学习渠道。但是，个人的时间是有限的，知识传播也呈现出碎片化的倾向，如何让这个时代的青少年全面、有效地对自然科学和人文科学有一个整体的认识，已经成了今天科普出版的重大难题。

因此，我很高兴能够看到这套图书的付梓。它选材丰富全面，但不是机械地堆砌知识，而是引导青少年读者在欣赏一个个美妙的知识细节的过程中，逐渐形成对事物整体的把握。孩子们会看到整个世界就像一个活泼的生命，它多姿多彩，千变万化，有着无尽的可能，让他们由衷地好奇、赞叹，希望亲自去探索。

人类既生活在宇宙空间里，也生活在历史中。我们来自空间和历史，也改变着空间和历史。在这套丛书里，孩子们通过对历史的了解，对科技发展的认识，不仅可以看到人类一路走来的艰辛，也可以看到人类的伟大意志和力量，并思索人类应该肩负的责任。这套丛书在传播知识的同时，也带给孩子们价值观和梦想的启迪。

培根说："知识就是力量。"好的书籍就像接力棒，把人类知识的力量一代一代地传递下去！

（何彦，清华大学化学系教授、博士生导师）

目录

CONTENTS

第一章 发明是什么

第二章 了不起的古代发明

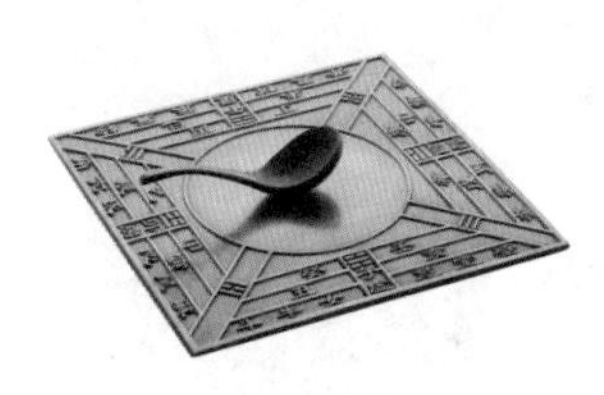

第三章 变革性的科技发明

第四章 伟大的高科技发明

第五章 好发明，坏发明

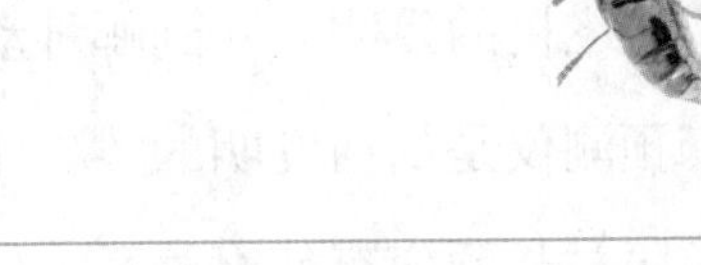

第六章 动植物与发明

第七章 仿生发明造福人类

第八章 发明梦想照进现实——智能机器人

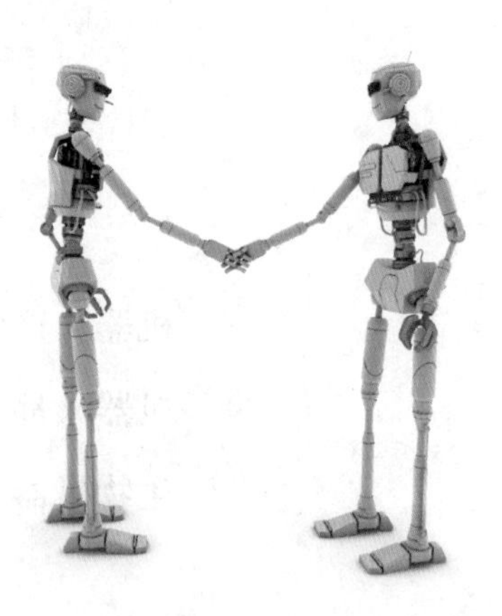

第九章 发明界的逸闻趣事

第一章

发明是什么

从古代的罗盘、指南针到现代的卫星、雷达，从中国的四大发明到外国的电灯、电话，从农业的犁耙、水车到工业的机器控件，发明深深地影响着社会生活，改变着社会生活。在如今科技飞速发展的时代，发明更是与我们的生活息息相关，小到我们日常使用的手机、电视、电脑、汽车，大到军事、航天领域的火箭、导弹、航母、飞船，这许许多多充满奇思妙想的发明给了我们太多的惊喜与震撼。但究竟什么是“发明”呢？它是抽象的思维还是具体的事物？它有着怎样的分类与特征？让我们一起来对发明进行初步的了解吧。

什么是发明

提到发明，我们似乎很熟悉，因为它存在于我们生活的方方面面，小到汽车、电视、电脑，大到宇宙飞船、火箭、导弹，它们都是发明者心血和智慧的结晶。那么究竟怎样的行为才可以被称作发明呢？

发明的定义是：发明是应用自然规律解决技术领域中特有的问题而提出创新性方案、措施等的过程和成果。从发明的定义中可以看出，“创新性”是发明最核心的特征。发明本身指的是

▼ 研究与开发的草图

一种过程和最终的成果，而这个过程必须是针对特定问题的。比如，古代的人们难以辨别方向，为了解决这个问题，于是发明了司南；人们有时需要长途跋涉，有些目的地仅仅依靠徒步行走是很难到达的，于是人类就发明了自行车、汽车、火车、轮船、飞机等交通工具。手机、空调、电视、互联网等发明，也为我们的生活带来了极大的便利。

爱因斯坦曾经说过："提出一个问题往往比解决一个问题更重要。"追溯人类发明的历程，不难发现，每一项发明都是从观察思考、提出问题开始的。同时，发明还是创新性的解决方案、措施等的过程和结果，而这个过程和结果又离不开人们知识的积累和思想的创新。当我们发现一个问题，并能够想办法去解决它时，或许一项新的发明就会诞生。

发明有哪些种类

看到各式各样的发明，我们可能在惊叹人类智慧的同时，也会想：如此繁多的发明该怎么统计呢？一般情况下，可以依据一定的划分标准将发明归类，以便统计。那发明都有哪些种类呢？

按照呈现的形式和内容，可以将发明分为产品发明和方法发明。产品发明是指那些可以看得见、摸得着，具有物质实体的发明，像日常生活中常见的电灯、电话等；而方法发明则不同，这

▲ 老式蒸汽机车

类发明没有物质或现实形态，通常指为解决某种问题而提出的技术方案或方法，比如造纸术、通信方法等。

根据发明的创新程度，可将其分为开创性发明和改进性发明。开创性发明是指使用以往没有的技术的一类发明，如蒸汽机刚发明的时候，它使用的是从热能向机械能转化的技术，在以前的发明中从未有过，因此，这个发明属于开创性发明，类似的还有激光器、雷达等发明；改进性发明是指那些对现有的产品或方法进行改进的发明，如产品的更新换代、技术完善等都属于此类发明。

当然，除了这些，发明还有其他的分类方法，例如根据发明之间的相互关系，可以将其分为基本发明和从属发明等。

小贴士

细心的朋友可能会发现，发明的归类并不是固定的，一种发明有时可以归到不同的类别中。例如，蒸汽机这个发明，既属于产品发明，又可以归入开创性发明。

发明对人类社会有什么意义

许多人小时候都有做发明家的梦想，想要发明一辆汽车，跑得像火箭一样快；想要发明一颗药丸，可以治疗所有的疾病；想要发明一艘飞船，可以遨游太空、探索宇宙。大家想像大发明家爱迪生一样，能够发明很多有用的好东西，让人们的生活变得更美好。

那么，发明真的具有如此神奇的作用吗？答案是肯定的。发明能推动人类社会的进步，让我们的生活变得更加丰富多彩。

有人曾说：人类的文明史，实际上就是一部发明史。从中我们不难看出，发明在人类社会的发展中起着非常重要的作用。人们可能会注意到这样一些名词：青铜时代、铁器时代、蒸汽时代、信息时代等。这些名词被用来定义时代的名字，由历史学家根据历史上的一些重要发明的出现或应用命名，如青铜器、铁器、蒸汽机、网络等。这乍听起来可能不易理解，但细想一下便不难悟出：时代的组合便是历史，历史用发明来断代，那么发明对人类社会的作用便不言而喻了。

发明会让人类社会变得更发达、更先进，这样的例子不胜枚举。比如，文字和语言的发明，使得人类得以更好地交流，文明得以更好地传承和发展；网络的发明，使得人们足不出户遍知天下大事；宇宙飞船的发明，让人类奔月的梦想成为现实；仿生心脏的发明，使得心脏病人能够重获新生。

发明就是这样影响着人类的社会，使其不断发展进步的。

发明与发现有什么区别

“发明”与“发现”是两个意义很相近也很容易被人们混淆的词语，它们的区别到底在哪里呢？简单地说，发现指的是世界上一直都存在的事物或规律等从不为人所知到为人所知的过程；而发明则是指那些原本不存在的事物或思想、技术等经过人们的各种努力后被创造出来的过程。举个例子来说，我们都知道意大利航海家克里斯托弗·哥伦布发现了新大陆，这里的新大陆为什么说是被“发现”的而不是被“发明”出来的呢？因为早在哥伦布到达之前，“新大陆”作为地球陆地的一部分就一直存在于那里了，只是当时的人们不知道罢了。同时，我们也知道美国的莱特兄弟为了实现人类的飞天之梦而创造性地发明了飞机，这里之所以用“发明”一词，就是因为在莱特兄弟之前，人类无法长时间在天空中飞行，在飞机被发明之后这个愿望才得以实现。

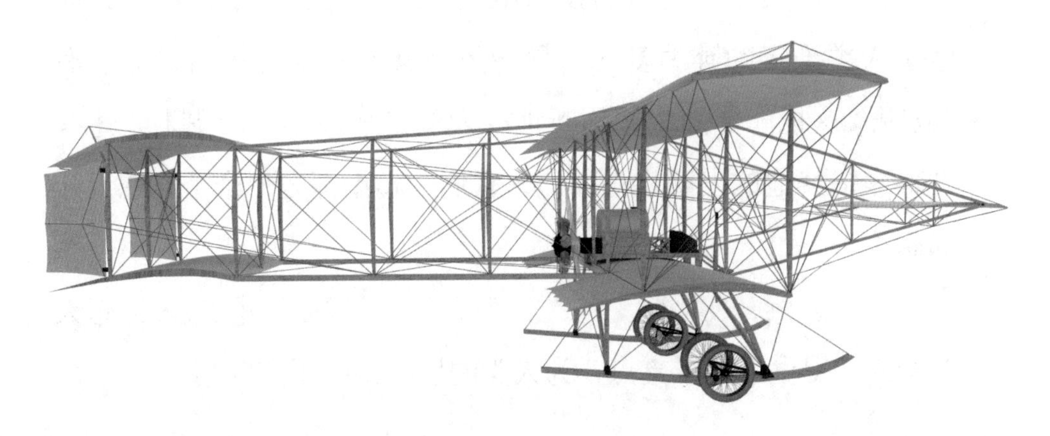

▲ 世界上第一架飞机“飞行者一号”模型

发明需要异想天开吗

回答这个问题之前，我们先来看看什么是异想天开。异想天开常常用来形容人想法离奇、不切实际，往往指那些看似不可能被完成或实现的想法。一项发明是如何产生的呢？答案有很多种，“异想天开”也是其中的一种。

从古至今，有无数发明最初只是人们的异想天开而已，可是后来一项项都成了现实。按照发明的步骤，人们只有先能想到，之后才有可能将之发明出来。如果连想都想不到，怎么知道该向哪个方面努力呢？而在“想”这一环节，异想天开常常能带来智慧的火花。曾经，嫦娥奔月只存在于神话中，奔赴月球只是一种异想天开的美好愿景。可是一辈辈的科学家却在这种异想天开的支撑下，攻克一道道的技术难关，终于发明了宇宙飞船，成就了人类千年的奔月梦想。异想天开就像一块打火石，能引燃“发明”这把熊熊烈火，不断地给人们带来惊喜。历史上，还有许许多多其他的发明也是如此，它们的起点都是一个个异想天开的想法。

毋庸置疑，发明就是需要异想天开，不拘泥于陈规。异想天开给人们提供了一个支点，为人类的发明指明了方向。

为什么发明需要申请专利

所谓专利，顾名思义，就是专有的权利。也就是说，一项发明创造的首创者所拥有的受到法律严格保护的独享权益。国家会根据法律法规的要求，授予符合条件的技术发明者或技术拥有者在一定期限内使用和处理该项技术的独享权利。专利的两个最基本的特征就是“公开”与“独占”。“公开”是指当发明者成功创造出来某种新东西时，这项发明以及包含在其中的技术等都应该为人所知，以此来推动社会科技的进步。而“独占”则是指当人们想要使用这些新技术时，一定要先征得专利拥有者的同意，并依法支付一定的费用。

那为什么发明需要申请专利呢？或者说申请了专利会有什么好处呢？通过申请专利这一法定程序，可以明确某项发明的权利归属关系，从而使发明成果可以得到有效的保护，以利于其独占

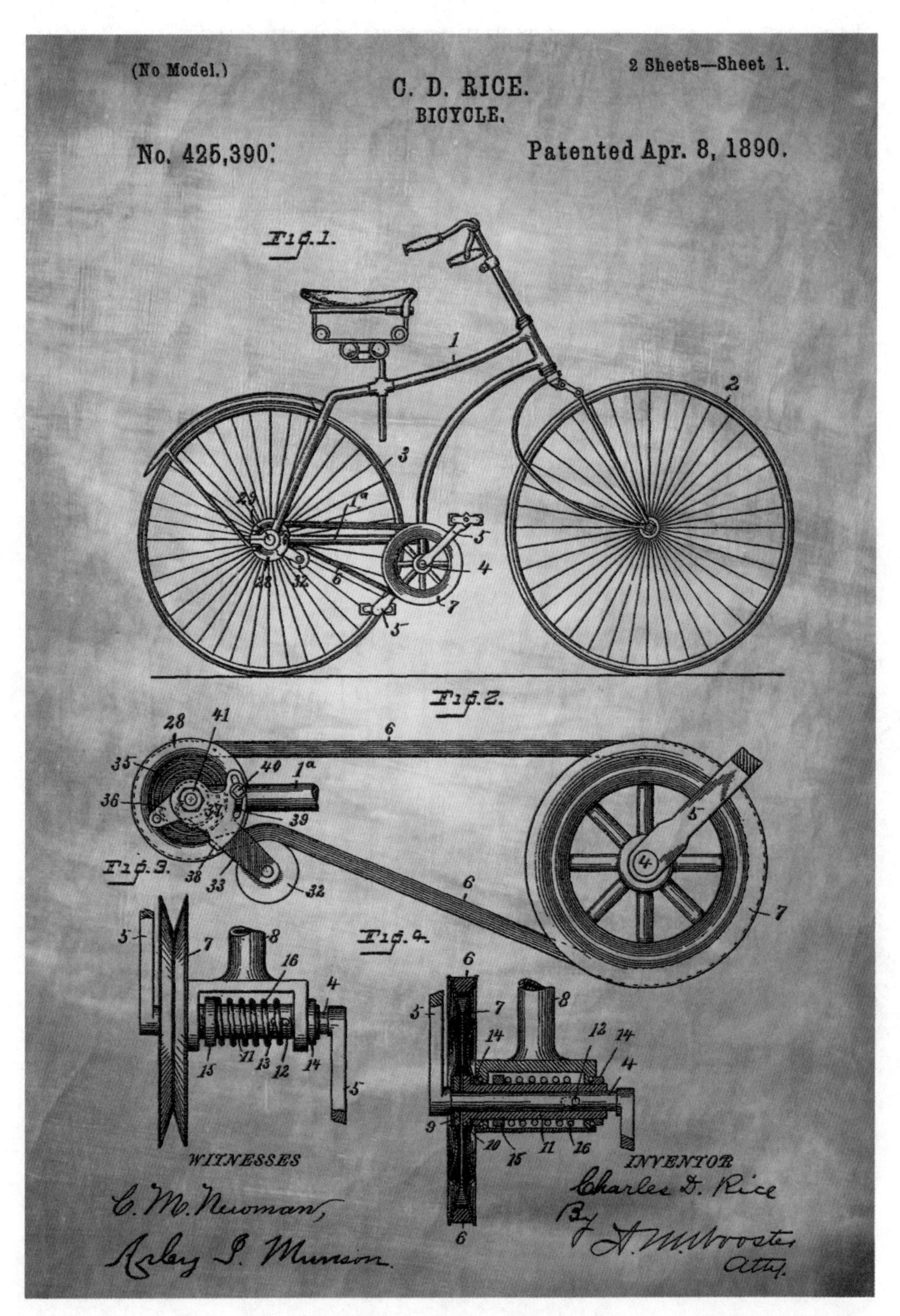

▲ 1890 年申请专利的自行车

市场。我们知道，每一项发明里都凝聚着发明者的灵感与辛勤的汗水。当一项发明历经千辛万苦终于“破茧成蝶”时，如果通过一定的手段给予发明者适当的专利保护，就能保证在这项发明造福人类的同时，也使发明者得到相应的物质补偿，使发明者的辛苦得到一定的回报，从而激发他们更大的创造性。同时，这也体现了社会文明对知识产权的重视和保护。

发明都是有用的吗

电视或者网上，有时会有这样的节目：《世界最无用发明大盘点》《世界十大无用发明》……这可能会使我们产生疑问——发明不都是有用的吗？如果无用，那还发明它干什么呢？

世界上有很多发明是有用的，它们给我们的生活带来了极大的便利，对社会的发展产生了推动作用，我们的世界也因许许多多的发明而变得更加五彩缤纷、多姿多彩。然而，不是所有的发明都是有用的，有些新发明完全可以被原有的、价格更低廉的发明所替代，有些发明甚至给人类社会带来了极大的危害。

喜爱太空科学的朋友大概都知道，在太空中，钢笔和圆珠笔都会因为失重而无法使用，给宇航员的记录带来了很多困难。聪明的朋友会说：“可以用铅笔呀。”早期的宇航员都是使用铅笔的。可是他们慢慢发现铅笔也不好用，因为笔芯断了以后会在无重力的空间中飘浮，可能飘进鼻腔、眼睛里，甚至引起电路短

◀ 中华神七太空笔

路。更危险的是，铅笔的笔芯和木头在纯氧的环境中很容易快速燃烧，可能引发致命的事故。工程师在 1965 年发明了一种能在太空环境下使用的不漏油、不褪色的高品质圆珠笔，就是我们常用的太空笔。

瘦肉精这种药物的发明给人们带来的伤害很大。只要有良知的人都会说，瘦肉精这项发明不只没有用，更是有害的。虽说瘦肉精能减少企业的饲养成本，但是用瘦肉精喂出来的猪的肉对人体有着极大的伤害。如果一项发明给小部分人带来的利益是以伤害更多无辜的人的利益为代价的话，又怎么能说它是有用的呢？

第二章

了不起的古代发明

无论在哪个时代，发明都是社会文明王冠上最耀眼的宝石。古代的社会是个偌大的舞台，无数的发明在这里舞动吟唱。发明真实有力地推动着古代社会的发展。让我们一起来了解古代那些有趣的发明是怎样在社会舞台上创造奇迹的吧！

人类古代的发明主要集中在哪些地域

发明总是伴随并促进着人类文明发展的进程，人类古代发明的聚集地大多与人类古文明的承载地——文明古国“不谋而合”。说起文明古国，经考证，在国际上被普遍认同的是古埃及、古巴比伦、古代中国和古印度，人类古代发明伴随着文明的进程也主要集中在这四个地方。其中，古代中国是最主要的集中地。下面我们就来了解一下这些地域的主要发明。

古代中国的发明中最闻名于世界的就属造纸术、指南针、火

▼ 埃及水车

药和印刷术了。除了这四项之外，最早出现在古代中国的发明还有很多，涉及天文、工艺、计时、冶金、军事等诸多领域，比如甲骨文、二进位制、十进计数制、漆、铜镜、弓箭、古代机器人、铁犁、大定音钟、算盘及珠算法、传送带、滑动测绘仪、水力风箱、地动仪、龙骨水车、瓷器、麻沸散、十二气历、授时历、浑天仪等。集中在古埃及的发明主要有象形文字、十进制计数法、太阳历、莎草纸、墨水、犁、汲水器、渠道及防腐剂等。在古巴比伦的发明主要有：楔形文字、泥板书、太阴历、星期制、六十进位法、铸造技术、冶金技术、铁犁、货车、战车等。古印度的发明主要有梵文、阿拉伯数字、太阳历等。

值得一提的是，有许多古代发明在这四个地域都有出现，比如犁、水车等，这些发明在不同地域多有类似，却不尽相同。

指南针有怎样的前世今生

爱探险的朋友都知道，指南针是野外探险时的重要装备。当人们在荒野丛林中迷路时，不要着急，指南针会帮忙指明正确的方向。为什么指南针会如此神奇呢？原来是因为一根小小的磁针。可别小看这根磁针，它可是指南针的主要组成部分，将它装在轴上，它就能在地球磁场的作用下转动，并最终神奇地保持在磁子午线的切线方向上，由此来指示方向。

别看指南针构造如此简单，它却包含着人类的大智慧，拥有

▲ 指南车

精彩的“前世今生”。据史书记载，人们在日常生活中，无意间发现了能够吸铁的磁石还能够指示方向。聪明的古人经过长期研究，终于在公元前 3 世纪的战国时代发明了最原始的指南针——司南。司南由天然的磁石制成，形状像放在平滑底盘上的圆底汤勺，汤勺能够自由转动，当它停止转动时，勺柄指的方向就是南方。同一时期，人们还发明了“指南车”，“指南”这个词首次被提出是在张衡的《东京赋》中。到了宋朝，人们掌握了磁化的技术，并利用人工磁体制造出了更方便携带和使用的“指南鱼”。随后经过多方改进演变成了罗盘，并被广泛应用于很多领域，特别是在航海领域中，开启了中国航海的大时代。此后又经过几百年的发展，逐步变成了今天的指南针。

小贴士

大约在12世纪末13世纪初，中国的罗盘经由阿拉伯商人传入欧洲，欧洲人对它进行了改进，成了便携仪器，为欧洲各国的水手所广泛应用。

造纸术是蔡伦发明的吗

提到造纸术，人们总会想到蔡伦，那么造纸术真的是蔡伦发明的吗？让我们先来看看蔡伦这位名人到底是何许人也。

蔡伦是东汉时期的一名宦官，是一位身残志坚的有为之士，他的大名响彻古今中外。美国人麦克·哈特在编纂《影响人类历史进程的100名人排行榜》时，曾将他排在我们所熟悉的哥伦布、爱因斯坦之前，荣居第六名。2007年，他又被美国《时代周刊》评选为人类“有史以来最佳发明家”之一。

看到这里，也许有人会认为，既然蔡伦这么有名，那么他肯定就是造纸术的发明者了。其实不然，蔡伦只是造纸术的改进者。根据考古学家的考证，早在西汉时期就已经出现了纸张。既然如此，为何蔡伦会被误认为是造纸术的发明者呢？原来，在蔡伦改进造纸技术之前造出的纸张大多质地粗糙，结构松散，并不能算作真正意义上的纸，而那些质地细腻的纸张既造价昂贵，又不

▶ 蔡伦像

易得。为此，蔡伦就在原有的基础上利用树皮、麻布、渔网等原料，经过数道工序制成了质地上乘又便宜得多的纸。后人为纪念其在造纸术上的卓越成就，就将其制成的纸命名为“蔡侯纸”。

虽然蔡伦不是造纸术的发明者，但造纸术是因蔡伦的改进才享誉中外的。中国古代四大发明之一的“造纸术”指的也是蔡伦改进后的造纸术，其对后世产生了深远影响。

火药是怎样被发明出来的

火药是中国古代的伟大发明，它对后世产生了极大的影响。那么火药是怎样被发明出来的呢？其实，火药的发明过程可谓是一段趣史。

火药这项伟大的发明，最先出现的地方竟是炼丹方士的炼丹炉，而且还是作为一种副产品被意外地发明出来的。在战国至西汉时期，当时的一些达官贵人妄求长生不老，有些人就试着把冶金的技术用到了炼丹上，希望能炼出不老丹。当那些药、硝、硫以及其他矿物放在一起加热后，真的成了一颗颗金灿灿的丹药，炼丹师大为惊讶，以为炼成了仙丹，却根本不知这只是最普通的化学反应罢了。

随着炼丹术的出现，一群被称为“方士”的炼丹师更是对炼制丹药痴迷不已，他们把自己关在深山老林中，以期早日得道。当然，仙丹没有炼出来，他们倒炼出了关于火药的一些心得。直到唐朝初期，一位叫孙思邈的方士在一部叫《丹经》的书里记载了“内伏硫黄法”的炼丹方法，后经多番考证，确认它是迄今为

▼ 由硫黄、硝石和木炭按照适当比例调配而成的黑火药

止最早的一个有文字记载的火药配方。到了唐朝中期，人们对炼丹术不感兴趣了，开始对火药研制兴趣盎然，经过多次试验，终于配制出了火药。这种火药由硫黄、硝石和木炭按照适当比例调配而成，呈黑色粉末状，这就是我们现在的火药。

四大发明是怎样被传播到国外的

马克思曾在他的《机器、自然力和科学的应用》一文中提到："火药、指南针、印刷术——这是预告资产阶级社会到来的三大发明。火药把骑士阶层炸得粉碎，指南针打开了世界市场并建立了殖民地，而印刷术则变成新教的工具。"诚如马克思所言，中国古代的四大发明对人类社会的发展进程产生了巨大的影响，但四大发明是如何被传播到国外的，知道的人却不是很多。下面就简单来说说四大发明的"外传史"。

在四大发明中，造纸术是最早传到国外的。两汉交替之际，大批百姓为避乱而逃往朝鲜半岛，造纸术随之传到那里，后来又经朝鲜半岛向东传入日本。西传是在公元 9 至 10 世纪时，通过丝绸之路途经阿拉伯传入西方，最后逐渐传遍整个世界。

活字印刷术的外传主要是通过文化交流。公元 7 世纪时，由唐朝传入日本，后又在公元 10 世纪时，由宋朝传入朝鲜半岛。元朝时期，经过丝绸之路传入欧洲。

火药的外传是由于战争。公元 12 世纪，在同南宋的作战过程中，蒙古人学会了使用火药武器。公元13世纪，在蒙古人同阿拉伯人的战争中，火药武器连同火药一起传入阿拉伯；后来，又经过阿拉伯传入欧洲。

指南针的外传大致在宋元时期，当时经阿拉伯商人传入阿拉伯，后来又经阿拉伯传入欧洲。受战乱和锁国政策的影响，指南针最后才传入近邻朝鲜半岛和日本。

十进制的发明对社会发展有什么影响

我们先来简单了解一下“十进制”。十进制就是：“满十进一，满二十进二……按权展开，以此类推。”直观来看，100、2/7、−8.25……这些数字其实就是现在全世界通用的十进制。

▼ 算盘

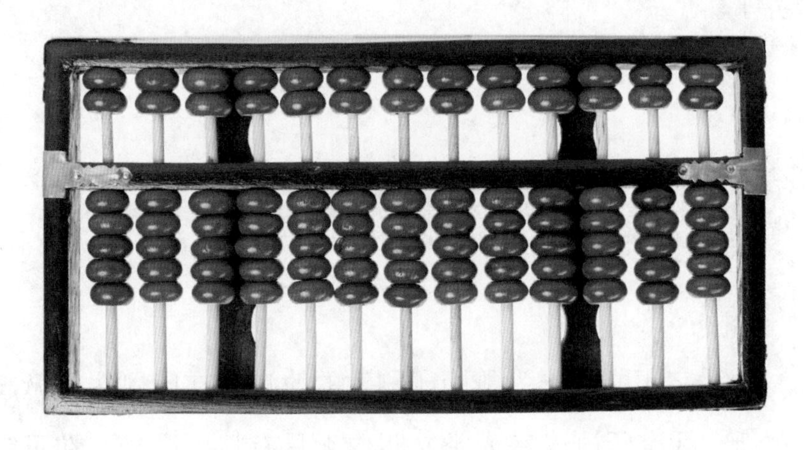

当然，古人所发明的十进制可能跟现在的不太一样，但其原理是一致的。中国古代有个成语叫作“屈指可数”，一语道破了十进制的“天机”。人类总共有十根手指，满十进一的计数就显得很自然也很方便。而在古时独立开发的计数体系中，除了玛雅文明的二十进制和巴比伦文明的六十进制，几乎全为十进制。

通过上面的介绍，不难看出十进制是计数体制中的一种，也是最普遍、最先进和最科学的一种。你能想象生活中没有计数法的后果吗？不只在古代，在现今这也是不可想象的一件事情。你能想象数以万计的事物用最原始的结绳法和画线法来记录会花费人们多少时间和精力吗？而有了这项发明，在古代中国，人们只要用一、二、三、四、五、六、七、八、九、十、百、千、万这13个汉字就可以记录亿级内的任何自然数。

十进制对人类社会的作用还不仅于此，它对世界科学以及文化的发展也有着不可估量的作用。正如李约瑟所说：“如果没有这种十进位制，就几乎不可能出现我们现在这个统一化的世界了。”

谁是活字印刷术的始祖

活字印刷术作为雕版印刷术的改良，在印刷史上掀起了一场革新。活字印刷术在人类文明史上具有特别意义，在了解它的发

▲ 古登堡制造的第一台金属活字印刷机

▼ 西方活字印刷用的金属字模

明者前，我们先大概地了解一下什么是活字印刷术。

活字印刷术，就是先把每个字单个制成表面凸起的字模，古文谓之“单字阳文反文字模”，然后在印刷时按照稿件的行文顺序把单字字模挑选出来，排列在印刷的字盘里，涂墨印刷，印完后再将字模拿出来以便下次使用。活字印刷术比之前的每印刷一次就要雕刻一次的雕版印刷术不知方便了多少。那么，这么方便的活字印刷术究竟是谁发明的呢？

根据史料记载，北宋人毕昇发明的泥活字标志着活字印刷术的诞生。由此看来，毕昇就是活字印刷术的始祖了。而且，值得一提的是，相比世界上的同类发明——德国人谷登堡的活字印刷术，毕昇的这项发明足足早了约 400 年。

毕昇发明活字印刷术时曾试过木活字印刷，但因木质纹理疏密不匀及易变形等原因而放弃了木质材料，后来经过毕昇的多次试验，终于选定了胶泥这种特殊材料来制作刻字的毛坯，从而完善了这门技艺。

小贴士

发明是一项很严谨的工作，远没有单从结果看上去的那么简单。大到整个框架设计，小到材料材质的选择，都要经过细致的研究和反复试验，才能最终完成。

古代有机器人吗

一说到机器人，人们的第一印象就是先进、高科技、现代化。那么代表着先进技术的机器人，古代有吗？答案是肯定的。虽然机器人这个词语出现得较晚，但是这个概念在古代就有了。

在公元前770年至公元前256年间，中国就已经发明了机器人。据记载，在西周时期，中国的能工巧匠偃师就研制出了能歌善舞的伶人机器人，这是中国最早关于机器人的记录（《列子·汤问》）。相传在春秋后期，中国古代著名木匠鲁班也曾制

▼ 复原的“木牛流马”

造过一只在空中飞行“三日不下”的木鸟机器人（《墨子·鲁问》）。在我们所熟知的三国时期，蜀相诸葛亮也制作出了闻名于世的“木牛流马”，用于运送军粮（《三国志》）。其实，中国古代发明的机器人，不只制作精巧，而且用途广泛、造型百态，有会唱歌吹笙的机器人、会跳舞的机器人、会捉鱼的机器人……可谓应有尽有。

不只在中国，在其他国家和地区也有机器人的发明，公元前2世纪，古希腊人发明了一个可以自己开门并能够借助蒸汽唱歌的机器人。1662年，日本的竹田近江发明了自动机器玩偶。1738年，法国人杰克·戴·瓦克逊发明了一只机器鸭，它不仅会嘎嘎叫、游泳、喝水，甚至还会进食和排泄。

最早的降落伞是欧洲人发明的吗

飞机可以使人们“飞到空中”，但也给人们的生命带来了威胁：当空难发生时，人们似乎无法逃生，而降落伞却给人们带来了生还的可能。降落伞的好处毋庸置疑，关于降落伞的发明却众说纷纭。

许多人都知道15世纪的意大利人达·芬奇留下了降落伞的草图，再加上近代各种各样的跳伞杂技表演在欧洲各国盛行一时，就给人们造成了一个错觉，认为最早的降落伞是欧洲人发明的。其实不然，我国早在西汉时期就已有关于降落伞的记载。史

◀ 达・芬奇

◀ 依据达・芬奇降落伞草图而设计的模型

学家司马迁在《史记 · 五帝本纪》中写了这样一个故事：一个叫瞽叟的人，趁一个叫舜的人上到粮仓顶部时，在下面点起了大火，而舜利用两个斗笠从上面跳下，幸免于难。这是应用降落伞原理的最早记载。1306 年前后，在元朝一位皇帝的登基大典中也曾有利用纸质巨伞做杂技表演的节目。这一说法在 1944 年日本出版的《落下伞》一书中被引用。另外，1977 年出版的《美国百科全书》中也确定了“在 1306 年，中国的杂技演员们便使用过类似降落伞的装置”这件事。

从上面的记载可以看出，最早的降落伞不是由欧洲人发明的。另外，在国外的一些军事书刊中，会看到不少类似“像火药一样，降落伞也是从中国传来的”等内容。可见，最早的降落伞是中国人发明的。

最早的微型热气球是由什么制成的

当我们去旅游景区游玩，或者参加广告、庆典活动时，经常能看到五彩缤纷的微型热气球飘浮在湛蓝的天空中。

当我们明白热气球的原理，知道最早的微型热气球是由什么制成的，我们也可以制作属于自己的微型热气球。热气球的原理很简单，就是热空气比冷空气密度小。气囊中的高温气体使得热气球的整体重量小于空气的浮力，这样，热气球就能飘浮在空中了。微型热气球与热气球原理类似。据记载，最早的微型热气

▲ 放飞的孔明灯

球是由中国人发明的，并且是用简单易得的蛋壳制造的。公元前2世纪时，一本名为《淮南万毕术》的书对其制作过程有非常详细的记载：拿一个鸡蛋，在上面开个小孔，去掉蛋清和蛋黄，然后点燃放入空蛋壳中的艾蒿或其他引火物，蛋壳就可以自行升空飞走。

当然，微型热气球也可以用纸做成，比如以诸葛亮命名的孔明灯。在1939年，一位名叫彼得·古拉特的侨居中国云南省丽江的外国人，曾写书描述他目睹中国人放纸扎微型热气球的情景。

世界上第一根火柴是哪国人发明的

现在火柴已经不多见了，但在以前，火柴是生活中必不可少的取火工具。作为过去应用极广的发明，火柴曾给我们带来了光明与温暖，那世界上第一根火柴是什么时候被发明出来的呢？

很多人都认为世界上第一根火柴是由英国的化学家和药剂师约翰 · 沃克发明的。其实，这个说法并不准确。确切地说，现代意义上的摩擦火柴是由约翰 · 沃克发明的。世界上第一根火柴是由中国人发明的。1986 年，英国人罗伯特 · 斯普尔经过考证明

▼ 被点燃的火柴

确表示，中国人于公元577年发明了世界上第一根火柴。根据元末明初陶宗仪所著《辍耕录》中的《发烛》记载，公元577年，长期的战争使北齐物资匮乏，不仅宫外的人民处于水深火热之中，宫内的一些宫女、嫔妃也是食不果腹，处于饥寒交迫之中。在无依无靠的后宫中，为了生计，一些贫穷的妃子开始以卖火柴为生。当时的火柴还不叫火柴，古人称之为“发烛”。但根据其制作工艺——把松木削成薄如纸张的小片，然后再在它的一端涂满硫黄，用时引燃即可，我们即可判断这已是早期的火柴了。而且,《资治通鉴》中也有类似的记载。可见，世界上第一根火柴的发明不可能晚于公元577年，而且发明者也是中国人。

古代人会玩扑克牌吗

扑克牌，又称纸牌，是一种娱乐纸质工具，因其玩法多样、有趣而风行全世界。在古代，虽然没有扑克牌，但却有与之类似的“古代扑克牌”，在中国有“叶子戏”，在欧洲等国有“塔罗牌”。

据考证，叶子戏是为了供唐玄宗与宫娥玩耍消遣，由唐代著名天文学家张遂（又称一行和尚）发明的。因为纸牌只有叶子般大小，故将其称为叶子戏。后来传入民间，受到人们的喜爱而广泛流传于世。当时的叶子戏总共有40张牌，分为十万贯、万贯、

▲ 塔罗牌

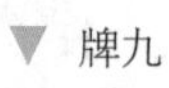
▼ 牌九

索子、文钱四种不同花色，玩法基本和现代纸牌类似。至于样式和打法，延至明清时就基本得到完善，逐渐固定下来了。

塔罗牌的起源众说纷纭，有古埃及起源说、意大利起源说、吉普赛起源说……至今未有定论。但其在中世纪时流行于欧洲是可以确定的，也就是说，在欧洲的古代也是有“扑克牌”的。塔罗牌除了用来娱乐之外，还可以用来占卜，它具有难以言说的神秘色彩。

古代有机械钟吗

在当今的社会中，钟表是极其普通的计时工具，在电子表和智能手机出现之后，机械钟表开始逐渐淡出人们的视野，但机械钟表在古代可是个稀罕物。

经过多方考证，机械钟存在于人类的古代社会中，闪烁着人类文明与智慧的光辉。不管是在中国，还是在外国，都有机械钟。在中国，据记载，在北宋时期就已经出现了机械钟，当时的机械钟模仿日月星辰的周期，以齿轮带动运转。而在欧洲，有记载的机械钟诞生于13世纪，德国小伙维克为了将机械钟献给法国皇帝，耗时八年，精心制作。欧洲的机械钟传入中国是在明朝万历年间，万历皇帝收到后，极为喜爱，日夜把玩。可见，在古代，不仅存在机械钟，它还被当作礼物在国际间流传。

▲ 复原的北宋机械钟——水运仪象台

小贴士

现存的最古老的一批机械钟制作于1290年前后，被安装在一些修道院中。最初的机械钟设计很简单，指针只有一根，而且钟面上的标度也只有小时的刻度，还不能报时。

火箭只是现代的产物吗

“神舟号”飞船升空时，那磅礴的气势总是让人们震撼、感动。提到火箭，我们总是习惯性地想到航天火箭，片面地认为火箭是现代文明的产物，在古代是没有火箭的。可是，当认真翻阅火箭的历史时，我们会发现，原来火箭不只是现代的产物，而是古已有之。虽然此火箭非彼火箭，但它们的原理却是相似的。

火箭起源于古代中国，是中国古代的重要发明之一。在公元3世纪的三国时代，就已经出现了“火箭”这个词语。公元228年，魏国将领郝昭用捆绑火把的“火箭”焚烧了敌军的云梯，火箭一词自此出现。不过，当时的火箭只是在箭上捆绑一些浸了油的麻布一类的易燃物被发射出去，与真正的古代火箭还有不同。经过发展，到宋朝时，出现了人类历史上最原始的“火药箭”，人们把火药装在用纸糊成的筒中压实，制成简易火药筒，然后将

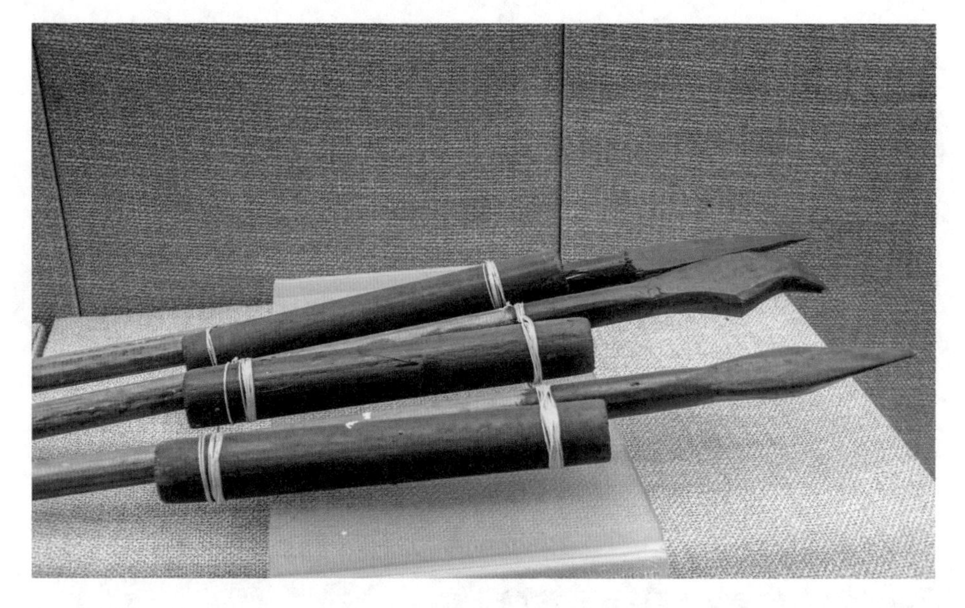

▲ 中国古代火箭

其捆在箭上射出。火药箭几经改进终于成了中国古代火箭。中国古代火箭有四大部分——箭头、箭杆、箭羽和火药筒，而这四部分分别相当于现代火箭的战斗部、箭体结构、稳定系统和推进系统，中国古代火箭其实就是现代火箭的雏形。

中国是古代唯一懂墨的国家吗

笔、墨、纸、砚作为文房四宝，历来被中国文人墨客津津乐道。而在书房中细细研墨的场景亦成为诸多影视剧中的经典场景。其实，墨之所以如此受人重视，是由于它在文化传播与发展中的重要作用。它不仅可以用于书写、绘画、印刷，甚至还可以用作化妆品，或用来入药等，对人类文明进程有着巨大的贡献。墨在中国有着极重要的地位，中国是古代唯一懂墨的国家吗？

事实并非如此。根据考古学家收集的证据表明，埃及墨在公元前 2500 年以前就可能存在了，甚至早于中国。埃及墨为液体形态，原料大多为焚烧动物所得的骨骼。旧约和新约《圣经》以及其他文献也多次提到墨，可见犹太人在埃及时期就已懂得用墨了。希腊人用于书写的希腊墨也是世界闻名的。希腊墨的制作原料大多来自焚烧后的干酒糟或者象牙，呈固状，与中国墨很像。罗马墨亦类似，只是制墨的原料有所不同罢了，它多采用焚烧的人骨、矿物、树脂、烟灰等做原料。后来随着国家间交流的增多，其他的一些国家，诸如阿拉伯、印度、日本、朝鲜等也开始学着制墨并逐渐懂墨了。

▼ 墨与砚台

古人做外科手术时用麻醉剂吗

大部分人在电影或者电视中看到过这样的场景：医生拿着锋利的手术刀在给病人做手术，但令人惊讶的是病人却没有感觉。这是为什么呢？原来是麻醉剂的功效——麻醉剂可以把人全身或者局部麻醉，使人在整个手术过程中感觉不到痛楚。在古代，人们生病需要做外科手术时，情况是怎样的呢？那时的病人可有麻醉剂来使他们免于手术时的疼痛吗？

据史料记载，没有麻醉剂时，病人在做手术时需要忍受巨

▼ 传说茉莉花是麻沸散中的一味药

大的痛苦，为了保障手术的顺利进行，医生总要把病人的手脚绑住，但疼痛剧烈时，病人甚至能挣脱绳索的束缚。到了东汉时期，中国著名医学家华佗为了减轻病人手术时的疼痛，经过多次研究，终于发明了世界上最早的麻醉剂——麻沸散。麻沸散是一种中药全身麻醉剂，病人服用后，就会全身麻痹、失去知觉，这样既减轻了病人的痛苦，又使手术能更好地完成。传说华佗也在麻沸散的帮助下，成功完成了许多高难度的手术，如腹腔肿瘤切除手术，肠、骨部分切除吻合手术等。麻沸散的发明，对后世的影响是很大的，对外科医学的发展起到了巨大的推动作用，挽救了无数人的生命，使人重拾健康。麻沸散的问世比西方的麻醉剂早了约 1600 年，中国古人的智慧实在是令人叹服。

古人近视了，有眼镜戴吗

“三更灯火五更鸡，正是男儿读书时。”依照古人这么爱读书的劲头，每天只睡四五个小时，除了吃喝，其他的时间都用来读书，如此高强度的学习就不怕用眼过度吗？如果是在现代，近视了会有各种治疗手段，有各式各样的眼镜供我们挑选。可是在古代，如果眼睛真近视了怎么办呢？有眼镜戴吗？

在 1268 年，英国著名自然科学家罗吉尔·培根是最早对用于光学目的的透镜作了记录的人。差不多同一时期，不论在中国，还是在欧洲，都出现了眼镜。中国在宋朝以前已经出现了眼镜的

▲ 西方中世纪壁画中戴着眼镜写字的教士

雏形；在欧洲，据说眼镜最早出现在意大利。虽然现今关于眼镜是从中国传入欧洲还是从欧洲传入中国这个问题一直存在争议，但是争议无法撼动人类古代已经有眼镜的事实。不过，当时的眼镜还只是放大透镜，属于老花镜，只能对远视做适当矫正，对近视是不起作用的。直到 15 世纪，意大利才出现了用于矫正近视的眼镜。最初发明的眼镜与现今的眼镜有很大不同，它不是戴在鼻梁上的，而是拿在手中的。看到这里，有的朋友可能会问：这是为什么呢？眼镜拿在手里多不方便呀！是的，拿在手里的确不方便，可是也只能如此，因为最初的眼镜只是单框镜，不能把它放到鼻梁上。本杰明·富兰克林因同时患有近视和远视两种眼疾，发明了世界上第一副双焦距眼镜。

第三章

变革性的科技发明

历史的车轮还在不断地向前，科技革命的力量仍在不停地积蓄，一声炸响，隆隆的机器声开启了近代璀璨的文明，炫目的灯光点亮了光明的希望，遨游的飞船实现了千年的梦想，汹涌的浪潮连番打来，一个个奇思妙想挑战着人们的思维极限，一项项科技发明造就了社会的巨大飞跃。从第一次到第三次，科技革命给无数的科技发明提供了绚丽的舞台，从蒸汽机到发电机再到计算机……下面，让我们来看看科技革命时期这些熠熠闪亮的发明硕果！

第一次科技革命期间的重要发明大致有哪些

第一次科技革命对人类社会的发展与科学技术的进步都产生了不可估量的推动作用，产生于这个时期的科技发明备受人们的关注。那么这一时期的重要发明大致有哪些呢？除了我们耳熟能详的蒸汽机，还有没有别的科技发明呢？

第一次科技革命又称第一次工业革命或产业革命，开始于18世纪60年代的英国，至19世纪40年代基本结束，在这约80年的时间里，人们凭借丰富的想象力和创造力创造了许许多多的科技发明。下面把这一时期的一些重要发明按照时间顺序简单梳理一下：1764年，詹姆斯·哈格里夫斯在前人的基础上发明了珍妮纺纱机，开启了第一次科技革命的序幕；1769年，理查德·阿克莱特发明了水力纺纱机；1778年，约瑟夫·布拉梅发明了抽水马桶；1779年，克伦普敦发明了走锤纺骡；1785年，詹姆斯·瓦特改良了蒸汽机，发明了现代意义上的蒸汽机；1785年艾德蒙特·卡特莱特发明了动力织布机；1796年，阿罗斯·塞尼菲尔德发明了平版印刷术；1797年，亨利·莫兹利发明了螺丝切削机床；1802年詹姆斯·瓦特再次改进蒸汽机，现代蒸汽机基本成型；1807年，富尔顿发明了蒸汽轮船；1812年，理查德·特里维西克发明了科尔尼锅炉；1814年，史蒂芬森发明了蒸汽机车；

▲ 开启第一次科技革命序幕的珍妮纺纱机

1815 年，汉弗莱・戴维发明了矿工灯；1844 年，威廉・费阿柏恩发明了兰开夏锅炉等。

为什么说第一次科技革命使人类进入了“蒸汽时代”

提起第一次科技革命，人们总会联想到另外一个词——“蒸汽时代”。人们总说第一次科技革命使人类进入了“蒸汽时代”，这是为什么呢？也许有人会说因为发明了蒸汽机。是的，说得没

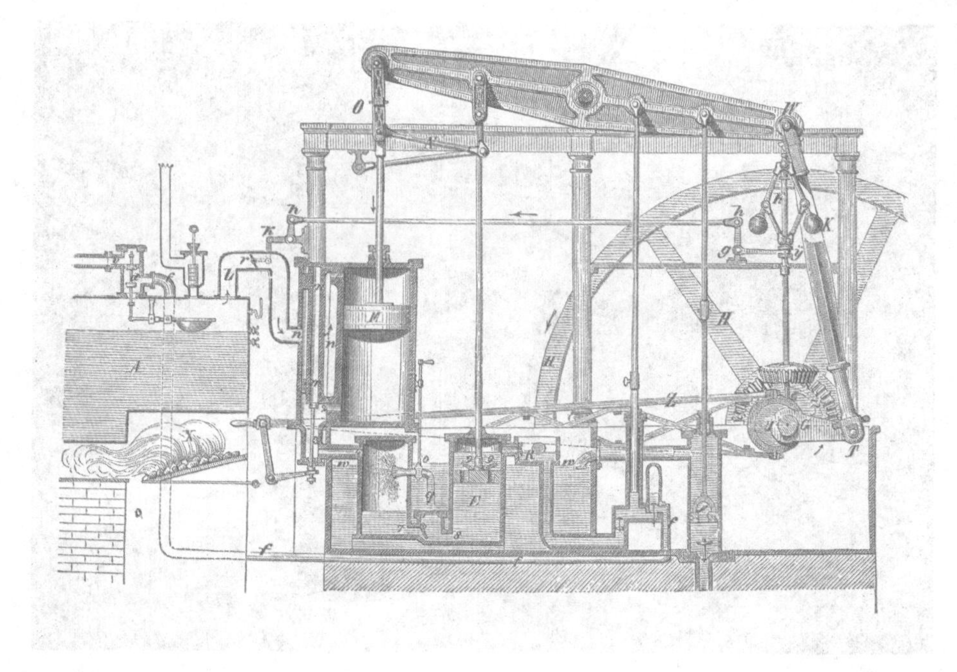

▲ 瓦特制造的蒸汽机

错，蒸汽机就是答案的关键。

18 世纪 60 年代，珍妮纺纱机的发明和应用拉开了第一次科技革命的序幕，而这项关于棉纺织业的新发明造成了非常大的连锁效应，不仅最先引发了本行业的一系列机器发明与技术革新，随后也推动了冶金、采矿等行业的机器发明与技术革新。但是，随着机器设备的逐渐增多，原有的动力已经无法满足社会的需要了，畜力、水力、风力等当时的动力成了限制机器广泛使用的枷锁，如果没有更先进、更高功率的动力来替代落后的、低功率的动力的话，社会与革新将会止步不前。人类的智慧是无限的。1785 年，瓦特在"煮沸的水能推动壶盖"的启示下，利用热能可以转化成机械能的原理开始改良蒸汽机，历经三次，他终于成功制造了具有现代意义的蒸汽机，给第一次科技革命注入了新的、庞大的动力。在此之后，许多以蒸汽为动力的机器应运而生，如蒸汽轮船、蒸汽机车等，大大推动了各领域的创新与发展。由此，人类被第一次科技革命的洪流卷入了“蒸汽时代”。

史蒂芬森是如何发明蒸汽机车的

说到蒸汽机车，大家可能不是很清楚它是什么东西，但是说到火车，恐怕就没有人不知道了。其实，蒸汽机车就是一种利用蒸汽机使机车运行的火车机车。1814 年，史蒂芬森发明了第一台蒸汽机车。说到这里，大家可能会猜想史蒂芬森是位学识渊博的大科学家。事实并非如此，由于家境不好，直到 17 岁时史蒂芬森还是一个文盲，连字都不识。那么这样的一个人，又是如何发明蒸汽机车的呢？

史蒂芬森发明蒸汽机车是从他在社会底层了解工人的艰辛，并决心改良机械、造福人类开始的。为了弥补知识上的不足，他开始上夜校读书，勤奋与刻苦使他很快就能自学各种知识了。自此之后，他开始研读各种科技书籍。功夫不负有心人，刻苦的研究与学习使他对机器的原理愈发熟悉，并由此被破格提拔为矿上的工程师。但他对机器的研究并未就此止步，他开始着手将蒸汽机应用到交通运输工具上，经过多年的研究，终于在 1814 年发明了第一台“皮靴号”蒸汽机车。虽然这台蒸汽机车取得了成

▲ “火箭号”蒸汽机车

功，但也存在很多问题，比如运行速度很慢，噪声太大，震动剧烈，而且蒸汽机还有随时爆炸的可能。然而，史蒂芬森并没有气馁，他开始不断改进，历经 11 年的艰辛研究，终于在 1825 年发明了世界上第一台客货双用蒸汽机车“旅行号”。之后，他更是精益求精，于 1829 年成功研制了“火箭号”机车。

富尔顿发明的轮船有什么特点

“摆渡”这个词想必大家都听说过，在一望无际的江面上，漂浮着一叶扁舟，一位艄公或费力地撑着一支长篙，或摇着橹，汗水自脸上淌下，浸湿了衣衫。幼年的富尔顿就经历过相似的事情，一次外出寻工需要撑船逆流而上，遇到水流湍急时，无论怎样用力撑船，船都不走，艄公累极了。当时的富尔顿就想，要是船可以自动航行多好！长大后，富尔顿果真发明了一艘不用人力，可以自动行驶的船，也就是蒸汽轮船。

富尔顿发明蒸汽轮船时，正是第一次科技革命浪潮汹涌时。在见识到蒸汽机的威力后，富尔顿就想着将其运用到船只上，经过数年的研究和实验，他终于如愿以偿地发明了以蒸汽机为动力的轮船，这是一项伟大的尝试与发明，为人类的航运事业做出了巨大的贡献。富尔顿发明的轮船与现在的轮船不太一样，他的轮船行走靠的是“明轮”，现在的轮船大多装配的是“暗轮”，但就当时的技术来说，富尔顿的轮船已经很先进了。除此之外，

▲ 富尔顿和“克莱蒙特号”蒸汽轮船纪念邮票

富尔顿发明的轮船行驶速度在当时算是非常快的。1807 年，富尔顿制造的“克莱蒙特号”蒸汽轮船第一次下水试航，沿哈德逊河逆流航行，32 小时航行了 240 千米，而这段航程，普通帆船要用上四天四夜。不得不说，富尔顿发明的轮船在当时可谓是“神速”。

抽水马桶有什么玄机

有人做过调查，当问人们世界上最伟大的发明有什么时，很多人都提到了抽水马桶。得到这个结果之初，大家可能会觉得不可思议，但细想一下就会理解。我们可能离得开手机、电脑、汽车，可是我们却离不开马桶。而且小小的抽水马桶，蕴含着很多玄机。它的发明并不容易，而是经过数代人的冥思苦想、几百年的历史沉淀，才有了今天的成果。

世界上第一个抽水马桶是由英国贵族约翰·哈灵顿于1597年发明的。到了18世纪后期，英国发明家约瑟夫·布拉梅又对抽水马桶做了大胆而有益的改进。他加入了一些新的构件，比如控制水箱水流量的三球阀，并发明了防止污水管溢出臭味的U形弯管等。1778年，约瑟夫·布拉梅成功取得了此项发明的专利权，成为这种新式抽水马桶的合法发明人。但是，抽水马桶的技术并没有止步不前，在此之后，人们对抽水马桶又做了多番改进。如1861年，英国的一位管道工人托马斯·克莱帕发明了一套更先进、更节水的冲水系统；1885年，托马斯·土威福改进了抽水马桶的材质，发明了全陶瓷抽水马桶等。

不起眼的抽水马桶蕴含了很多奇妙的玄机！不可否认的是，第一次科技革命期间的发明家约瑟夫·布拉梅对抽水马桶的发明与发展做出了巨大的贡献。

平版可以印刷吗

自印刷术发明之后的很长一段时间里，不管是雕版印刷，还是活字印刷，总要使印刷部分跟非印刷部分有凹凸之分才能印刷成功。长期的思维惯性使人们觉得平版印刷就像是天方夜谭，没有凹凸之分怎么可能印出字来呢？那么真是如此吗？平版真的不可能印刷吗？

事实显然并非如此。作为现在世界上应用最广泛的印刷工艺，我们对平版印刷感触颇深。原来没有“凹凸之分”，平版也是可以印刷的。

其实，早在第一次科技革命时期，就有个善于观察的人发现了这个事情，并成功发明了平版印刷术。这个人就是奥地利作家及剧作家阿罗斯 · 塞尼菲尔德。说到这里，大家可能会觉得很奇怪，一位作家、剧作家，好好写作就好了，怎么会去搞发明呢？其实这也怪不得他，作为一位文学爱好者，他创作了很多戏剧、诗歌，而且他的作品还颇受世人欢迎，时间长了，他就想把自己的作品印刷、出售，来增加收入。但是当时流行的木刻凸版、铜凹版等不是制作麻烦，就是造价高昂。无奈之下，他就开始使用石灰石做刻版。一次偶然的机会，他发现用脂肪墨写在石板上的字迹不仅数日不掉，而且还可以转印到纸上。自此后，塞尼菲尔德就开始潜心研究，经过许多次试验后，他终于在 1798 年利用

▲ 19 世纪的平版印刷机

▼ 现代平版印刷机

水与脂肪互相排斥的原理发明了平版印刷术，使得平版印刷成为可能。现在很多先进的印刷术也来源于此。

什么标志着人类进入“电气时代”

在现代化的今天，不论是日常生活中的电灯电话，还是工业制造的机器设备，都离不开电。电就像一把钥匙，开启了一道神奇的大门，给我们带来了光明与色彩，给社会带来了奇迹。这么具有划时代意义的电是怎么被制造出来的呢？而电与“电气时代”又有怎样的关系呢？

关于电是怎么被制造出来的，大家可能都知道，是通过发电机。是的，人们虽然在很久以前就已经发现了用毛皮摩擦琥珀可以起电这个现象，但电被人们大量“制造”出来还是在第二次科技革命时期，发电机被发明出来之后。

在前人的理论基础上，经过多年研究，德国人西门子终于在1866年发明了世界上第一台发电机，并经过多次改进和完善后，于19世纪70年代将其投入实际运行，自此，大量发电不再是空想。

有了电，人们就开始思考可以用它来做什么。经过研究，人们发现电能可以转化成机械能，后来在能够实现这种能量转换的电动机被发明出来之后，电作为一种新的动力能源被人们广泛应用在社会的各个领域中，并促使一系列以电为动力的发明被聪明

▲ 西门子发电机

▼ 1929 年发行的德国马克上的西门子像

的人们创造出来，如电灯、电报等，这些发明为人们的生活以及社会的发展做出了巨大的贡献。

小贴士

发电机的发明以及电力的广泛应用，标志着第二次科技革命的到来，也标志着人类由此进入“电气时代”。

第二次科技革命期间的重大发明有哪些

在当今的生活中，有一些产品我们是怎么也离不开的，它们犹如骨血般渗入到现代文明的体系中，如电灯、电话、汽车、飞机、塑料等，这些产品给人们的生活、经济的发展以及社会的进步带来了不可估量的巨大影响。将这些具有划时代意义的发明整理出来，我们惊奇地发现，这些发明竟然都源于第二次科技革命时期，而且第二次科技革命带给人们的好东西还远不止于此。

第二次科技革命期间产生的发明数不胜数，但大体来说，主要涉及四个方面：电力方面、交通方面、通信方面以及化学方面。

下面我们就来梳理一下这四个方面凝结人类智慧的发明结晶。在电力方面，发电机和电动机这两项发明是其核心与灵魂，

◀ 电焊机

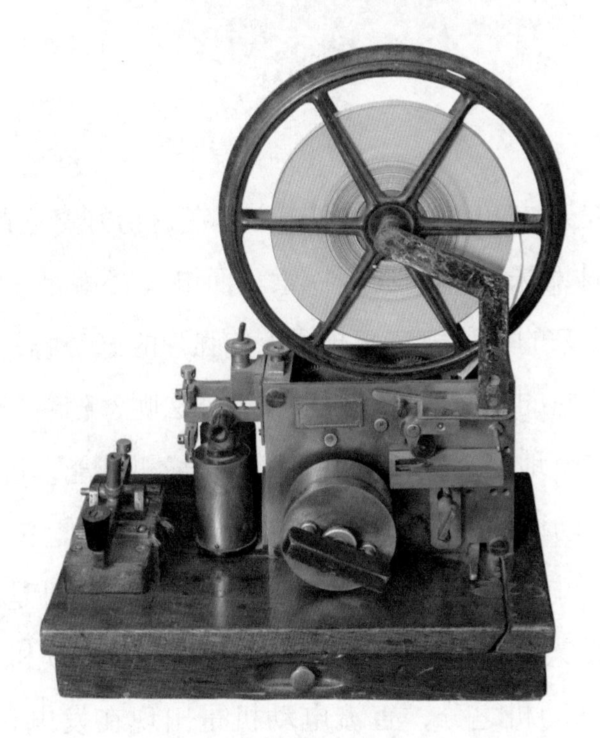

◀ 电报机

在此基础上，产生了很多的发明，如电钻、电焊机等；在交通方面，最重要也是最基础的发明是内燃机，这项发明为新型交通工具的产生提供了比蒸汽机更先进的动力系统，这项发明不仅使原有的一些发明得到了改进和完善，如火车、轮船等，还促使一些新交通工具如汽车、飞机等的产生；在通信方面，除去电话这项我们耳熟能详的发明，还有无线电报这项在人类社会进程中不可忽视的发明；在化学方面，化工行业其实是源于这个时代的，随着氨、苯等化学产品的出现，一些重要的化学发明也逐渐登上人类社会的舞台，如炸药、无烟火药、塑料、人造纤维等。

电动机是怎样的一项发明

人们总是对未知事物怀有好奇心，在这份好奇心的驱动下，人们会不断地对未知事物进行探索。而电曾经就是一种未知事物，它散发出来的神秘气息激起了人们强烈的好奇心，人们开始关注它，关注它的用途。可以用电来干什么呢？随着研究的逐步深入，人们惊奇地发现，可以把电能转化成机械能，进而驱动机械运转。而电动机就是实现这种转化的装置。

根据认识事物的规律，人们常常会以为电动机是在发电机发明之后才被人们发明出来，事实并非如此。电动机有直流电动机和交流电动机之分，直流电动机是出现在发电机之前的，

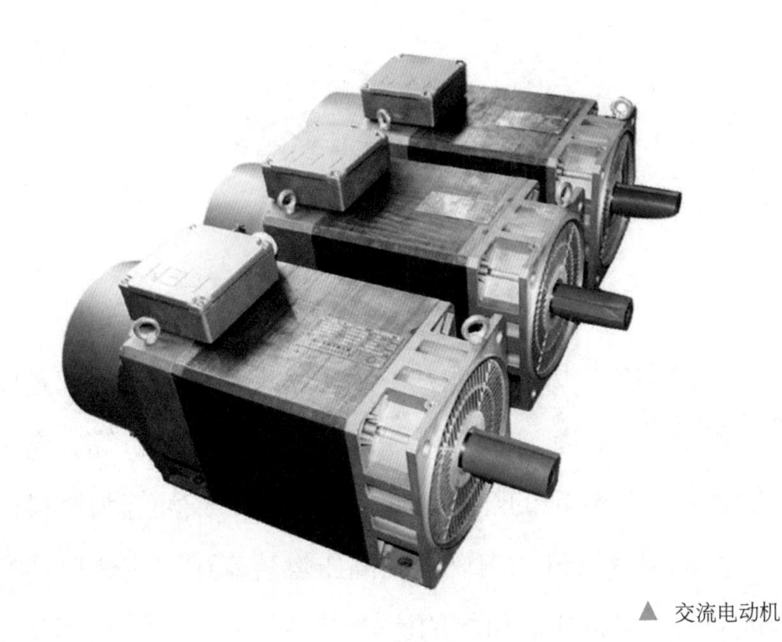

▲ 交流电动机

于 1834 年由俄国物理学家雅科夫发明。也许大家会觉得不可思议，认为没有发电机发电，怎么会有电动机的电呢？其实，最初的电大多是由电池提供的，而且原先的直流电动机也因为当时可利用的电稀少，且造价高昂而用处不是很大，直到后来发电机被发明出来，能够提供大量且廉价的电，直流电动机才被广泛应用。世界上第一台交流电动机是在发电机出现之后于 1888 年由特斯拉发明的。在发电机的应用中，人们开始发现交流电的魅力，经过多次研究终于发明了能够将交流电的电能转化成机械能的电动机。发电机和电动机就像一对配合默契的兄弟一样，它们为电力的广泛应用和电气时代的到来发挥了不可估量的作用。

在第二次科技革命中内燃机有怎样的改进

说到内燃机，大家可能并不陌生，现在好多机器都是以内燃机作为驱动系统的，如拖拉机、汽车、船舶、飞机等。它是一种将热能转化成机械能的热机，通常以汽油、柴油等为燃料，这些燃料与空气混合后进入内燃机的高压燃烧室中，引燃后能产生巨大的推动力，进而推动机械的运转。

▶ 内燃机

内燃机真正被创造和发明出来是在第二次科技革命期间。19世纪60年代，比利时一法国发明家勒努瓦模仿蒸汽机的构造，发明了第一台实用的以煤气为燃料的内燃机。但是这台内燃机效率较低，热效利用率仅为4%左右。巴尼特等人经过研究，相继提出通过将可燃混合气压缩后引燃可大大提高内燃机效率的构想，之后经过多方改进，于1866年由德国发明家奥托发明了第一台往复活塞式的四冲程内燃机，这台内燃机虽然仍以煤气为燃料，但热效利用率得到了极大提高，达到14%左右，受到了当时社会的极大欢迎。

随着石油的开发与应用，人们发现了更合适的燃料——汽油和柴油。通过研究，德国工程师戴姆勒于1883年发明了以汽油为燃料的内燃机。1897年，德国工程师狄赛尔又发明了以柴油为燃料的内燃机。

内燃机的发明与不断改进除了体现在燃料上，还体现在压缩以及点火等技术方面。但不管怎样，内燃机的发明、改进及其应用为后来交通工具等领域的发展起到了巨大的推动作用。

谁被誉为“汽车之父”

在宽阔的马路上，一辆辆汽车奔驰着，舒适、便捷是其带给我们的直观感受。作为现代文明不可忽视的一环，汽车在生活中占据着极其重要的位置。然而，在充分享受汽车带来的好处时，

▲ 世界上第一辆汽车——奔驰汽车

▼ 奔驰“老爷车”

又有多少人知道汽车的发明者是谁呢？在购买各种品牌的汽车时，又有多少人知道被誉为“汽车之父”的人竟是“奔驰”的创始人本茨呢？

本茨全名为卡尔·弗里特立奇·本茨，德国著名的发明家、工程师，他是戴姆勒-奔驰汽车公司的创始人之一，也是现代汽车工业的先驱者之一，为纪念其对汽车行业做出的杰出贡献，后人将其誉为“汽车之父”。

1872年，近30岁的本茨创建了奔驰铁器铸造和机械工厂，但此“奔驰”非彼“奔驰”，这家公司主要生产建筑材料。可是，由于当时建筑业不景气，他的公司面临倒闭的危机。为了拯救公司，本茨开始从事当时能够带来高利润的发动机制造业，在经历了许多挫折后，他终于研制出了单缸汽油发动机，并将其应用在自己设计的三轮车架上，发明了世界上第一辆现代汽车。1886年1月29日，本茨成功为他的这项发明申请了专利，这一天被世人确定为汽车的生日，这一年被称为“汽车元年”。

小贴士

“汽车之父”本茨的故事不仅使我们了解了关于汽车的一些小知识，也使我们明白了人生虽有失败，但只要不放弃、敢于挑战、勇于创新，成功或许就在不远处。

▲ 莱特兄弟

莱特兄弟是怎么发明飞机的

仰望蓝天时，我们总是萌生出一种渴望，渴望能够像鸟儿一样在其间翱翔。偶尔有一架飞机飞过，我们也总是不自觉地投去羡慕的目光。飞机承载着人们的梦想，那么莱特兄弟是怎么发明出飞机的呢？

莱特兄弟幼年时，有一年的圣诞节，从外地回来的父亲送给了他们一件礼物，这件礼物是一个样子怪怪的玩具，头部像风车一样，爸爸说这个玩具叫飞螺旋，可以飞上天。幼小的兄弟二人对此非常怀疑，认为只有鸟儿才能飞，这个人造的东西怎么也能飞呢？可是，在父亲的演示下，这个样子怪怪的玩具竟然真的飞上天了！自此，幼小的莱特兄弟便暗暗下定决心，将来一定要发明一件可以让人飞上天的东西。1896 年，莱特兄弟通过报纸知道了滑翔机的存在，那则新闻使他们决心研究如何在空中飞行，经过四年的学习和对老鹰飞翔的观察后，他们终于设计出了自己的第一架滑翔机，可是效果却并不理想，以后的多次改进依然不能让人满意。但莱特兄弟毫不气馁，依然坚持研究，在吸取了同时期其他发明家的飞机研究经验后，终于在 1903 年发明出了世界上的第一架飞机，实现了人类千年的飞天梦想。

无线电报通过什么传递信息

一直以来，通信都是人们极为关注的一件事情。在古代，人们一般是通过驿站、信鸽、烽烟等传递信息。近代以来，一种新的通信方式——电报在人们的生活以及社会的发展中占据了非常重要的位置。说到电报，似乎一种有节奏的嘀嘀声至今还萦绕在我们的耳旁，急促而有力。

电报分为有线电报和无线电报。有线电报通过电线、电缆等实体线路传递信息。无线电报就是没有电线电缆，试想一下，如

▼ 无线电报发明者伽利尔摩·马可尼的纪念邮票

果没有电线、电缆，无线电报又是通过什么传递信息的呢？难道是空气吗？

无线电报是通过不可见的电磁波在空中传递信息的。19 世纪 90 年代，有线电报的局限让一些人开始研究无线电报，意大利一位叫伽利尔摩·马可尼的青年就是这些人中的一员。1894 年，20 岁的马可尼在一本电磁杂志上了解到海因里希·赫兹曾经做的关于电磁波的实验，认识到电磁波不仅是存在的，而且还能以光速在空中传播。这个认识使马可尼意识到，如果利用电磁波传递信息，就完全可以摆脱电线的束缚。新的发现激起了马可尼极大的研究兴趣，在家人的支持下，1895 年，年仅 21 岁的马可尼就成功发明了无线电报。无线电报的发明为人类的通信事业做出了巨大的贡献，马可尼也凭此在 1909 年获得了诺贝尔物理学奖。

贝尔是怎样发明电话的

1876 年，在美国费城博览会上，贝尔与他人激动人心的通话演示，使电话这项伟大的发明名扬四海。如今，电话早已走进千家万户，使人们即使相隔千山万水也依然能够通话。贝尔当时是怎样发明电话的呢？

其实在贝尔发明电话之前，就已经有一个类似电话的“情侣电报装置”被美国发明家格雷发明出来了。这个装置看名字感觉很复杂，其实设计很简单，与我们小时候常玩的听话筒很像。用

老式电话

一根紧绷的绳子将两个罐头盒连接起来，当一个人对着一端的罐头盒讲话时，另一个人可以从另一端的罐头盒听到声音。在研究的过程中，格雷认识到人的声音是通过振动传播的，并且由不同音频的音调组成，后来他又进一步设想：能把声音变成电信号然后再传递和接收吗？过了很多年，这个设想终于被大发明家贝尔成功实现了。贝尔从电报装置上获得灵感，他跟他的助手华生一起设计了磁舌簧发话器和接收器。发话器能够将声音通过振动转化成各种电振荡，接收器则相反，可以将各种电振荡还原成声音，这样人们就可以在较远的地方听到对方的声音了。电话也因此被发明了出来。虽然贝尔发明的电话还有很多问题，如体积庞大、通话距离太近等，但作为“开山之作”，其对电话的进一步发展具有重要的意义。1876 年，贝尔成功获得了电话的发明专利。

发明炸药并设立诺贝尔奖的人是谁

有这么一位科学家，他终其一生致力于炸药的发明与研究，在自己的父亲被炸残、弟弟被炸死之后，他强忍悲痛，毅然地将炸药的研究进行到底。不仅如此，这个人还将自己大部分财富，捐献了出来，作为创建物理学、化学、生物医学、文学以及人类和平五个诺贝尔奖项的基金，以奖励上一年在这五个方面做出突出贡献的人。而这个发明炸药并设立诺贝尔奖、为人类科学无私奉献的科学家究竟是谁呢？他就是阿尔弗雷德·贝恩哈德·诺贝尔。

说到炸药，大家不由自主地就会想到中国的四大发明之一——火药。其实这两种发明并不完全一样。诺贝尔终其一生，经过无数次的试验，历经液体炸药（又称诺贝尔爆炸油）、黄色炸药（又称固体炸药），终于发明了威力非常强大的炸药。在整个研究过程中，诺贝尔本着精益求精的态度不断地对其研究的炸药进行改进。他先是发明了液体炸药，但是这种炸药极容易爆炸；后来经过研究，他又发明了黄色炸药，这种炸药虽然足够稳定，但其威力却不足。诺贝尔并未气馁，又经过百余次试验后终于发明出了威力巨大又较安全稳定的炸药。

第三次科技革命的标志是什么

第三次科技革命是相对于第一次、第二次科技革命而言的，这次科技革命不管是在深度、规模还是影响上，都远远超过了前两次科技革命，将人类社会的发展与生活水平推到了一个崭新的高度，使人类开始告别机械化、电气化的时代，逐步进入自动化、知识化、信息化的新时代。

在第三次科技革命期间，出现了许多很重要的发明，信息、新能源、新材料、生物、空间以及海洋等诸多领域都产生了技术革新。在诸多令人惊叹的高科技发明中，第三次科技革命以电子计算机、原子能技术、生物工程技术和空间技术的发明、发展与应用为主要标志。

这些具有标志性意义的发明都对人类社会产生了难以估量的影响。电子计算机的发明与应用使人类实现了数据分析与数据控制的高难度处理，为人类各领域技术的突破提供了实用性工具，使人类开始步入自动化的时代；原子能为人类日益庞大的能量需要提供了新的能量来源；生物工程技术，诸如基因重组技术、分子工程学技术等的发明与应用使人类获得了创造新事物的能力，可以满足人们日渐增长的物质需要；空间技术的发明与应用使得人类可以摆脱地球表面的束缚，探索太空这一神奇世界。

第三次科技革命是一场轰轰烈烈的科技革命，这场科技革命期间人们所发明的诸多高科技产品和高新技术，对生活、经济乃至政治、文化都产生了深远的影响。

电子计算机是怎样被发明出来的

在当今的社会中，不管是生活娱乐，还是工作学习，电子计算机早已成为我们不可缺少的“伙伴”。那么，电子计算机是怎样被发明出来的呢？

电子计算机的设想最早出现在20世纪30年代，英国数学家阿兰·麦席森·图灵在他的论文中首先提出了“图灵机”的构想，这是最早的关于电子计算机的思想模型。几乎与此同时，美国爱荷华州立大学物理系的阿塔纳索夫副教授也正为没有好的计算工具而苦恼。1939年，他与助手贝里先生一起向学校提出申请，决心研制一台计算机。功夫不负有心人，经过多次试验，他们终于在1940年初秋研制出了计算机的雏形，并将其命名为ABC。但遗憾的是，由于第二次世界大战的影响，他们对ABC的研究没能进行下去。不过，阿塔纳索夫副教授却将他关于计算机的研究无私地告诉了他的好朋友莫克利先生，并在1941年带他参观了ABC。

1943年，莫克利和埃克特在得到军方15万美元的研究经费支持后，正式开始了计算机的研制，并在1946年研制成功世界

▲ 老式机械计算器

◀ 台式电脑

上第一台电子计算机 ENIAC。随后又有许多科学家对电子计算机进行了多方改进，终于制造出了今天大家常见的计算机。

世界上第一颗人造卫星是什么时候发射的

说到人造卫星，也许有人会觉得它们离我们很遥远，其实它们与我们的距离近得不可思议，人造卫星就环绕在地球的上空，它们的作用体现在生活的方方面面。像我们看的电视转播、经常看的天气预报、平时用的手机、离不开的高速网络等，都跟人造卫星有着密切的关系。2008 年 5 月 12 日汶川大地震后的火速救援，也有人造卫星的一份功劳。关于这个与我们的生活息息相关的航天器，又有多少人知道世界上第一颗人造卫星是在什么时候、被哪个国家成功发射出去的呢？

关于人造卫星的设想，早在 100 多年前的 1895 年就被齐奥尔科夫斯基提出来了，可是当时的人们大都觉得齐奥尔科夫斯基的构想是无稽之谈，怎么也不相信人类能够制造出像月亮一样围绕地球不停旋转的东西。可是，就在几十年后，这个设想真的被他的学生科罗廖夫实现了。在 1957 年 10 月 4 日的晚上，苏联成功发射了世界上第一颗人造卫星。人造卫星的发射，不仅开启了当时苏美两个超级大国近 20 年的航天竞赛，而且使人类迈出了探索太空的第一步，开启了航天史的新纪元。

第四章

伟大的高科技发明

高科技时代的钟声已经敲响，历史的积聚将在这个时代爆发出璀璨的烟火。这是一个互联网的时代，这是一个航天科技的时代，这是一个前所未有的时代！这个时代有太多的神话与传奇，我们享受着过去的文明与技术，也担负着未来的任务与使命。就让我们借助科技发明的亮光，一起来看看人类对过去的传承以及对未来的开拓吧！

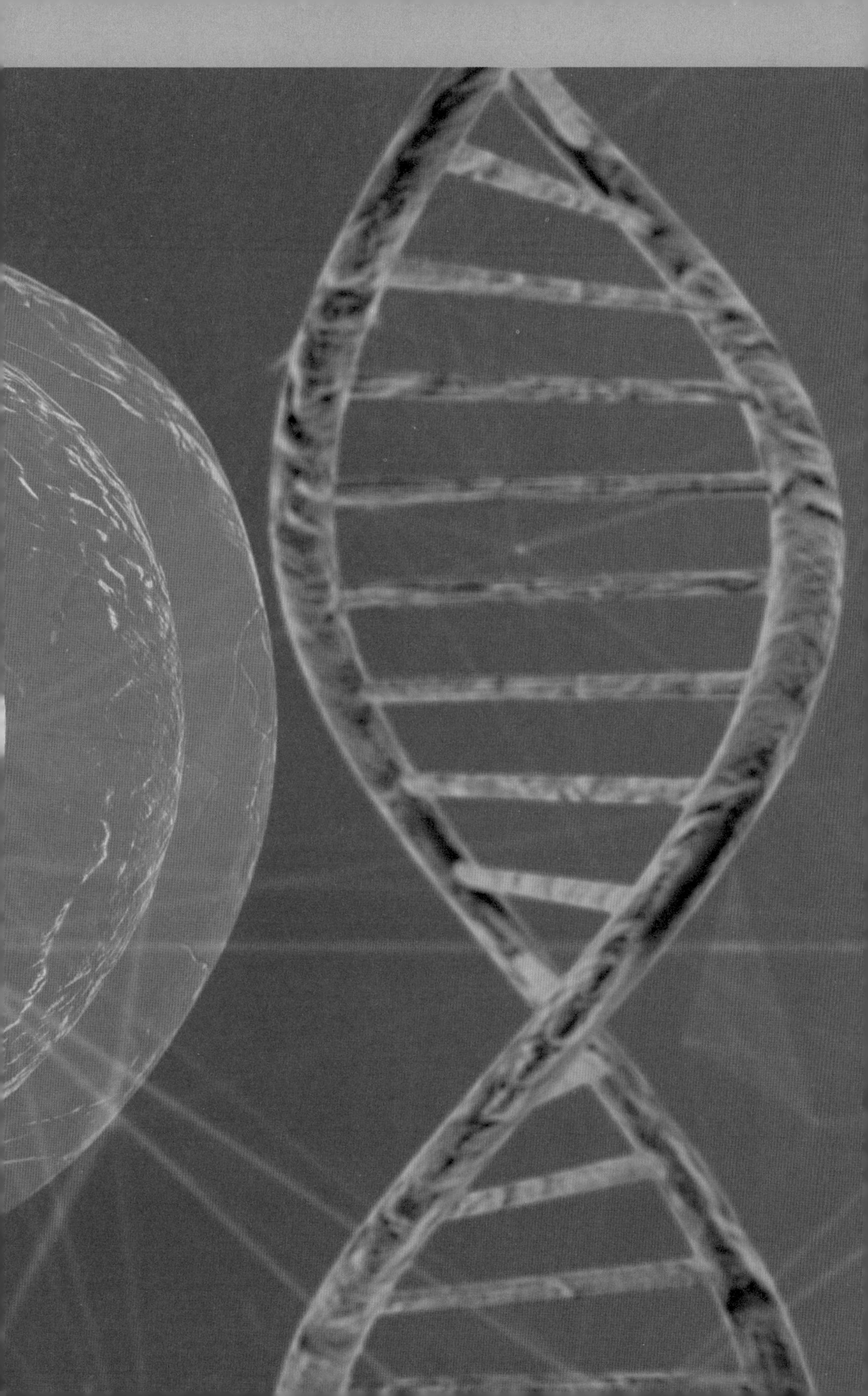

为什么说 21 世纪是“基因工程世纪”

在我们的生活中经常会看到这样的现象：一个可爱的大眼睛宝宝会有一个大眼睛的父亲或母亲，双眼皮的父母有可能生出单眼皮的孩子……这是为什么呢？其实，这些现象都是由遗传基因决定的。基因作为承载遗传信息的序列，决定了生物存在的性状。而基因工程就是在分子水平上研究基因的一门技术。基因工程又称基因拼接技术或基因重组技术。

基因工程从 20 世纪 70 年代开始有了较快的发展，科学家们利用此技术先后取得了许多科研成果，如克隆羊等。进入 21 世纪以

▼ 基因修复

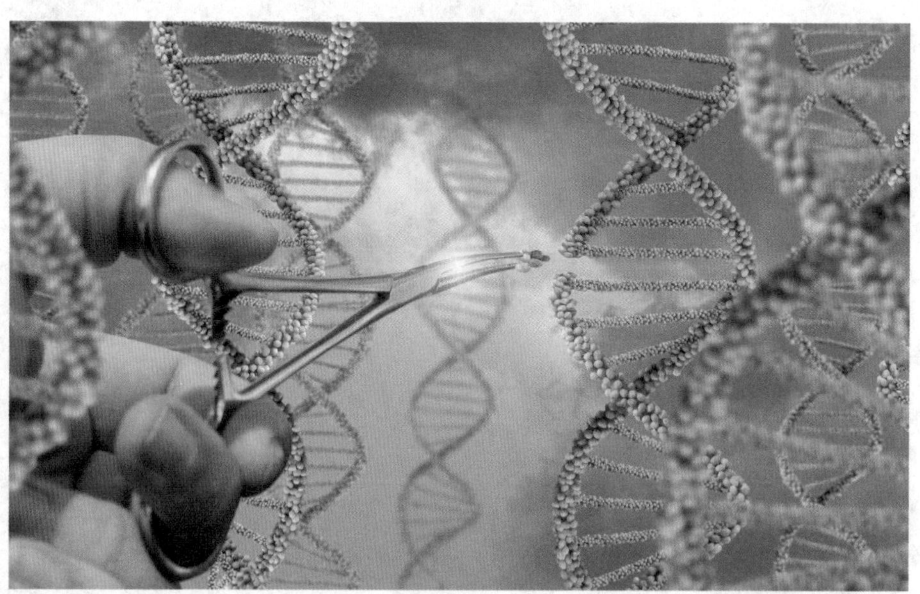

来，人们利用基因工程技术的水平越来越高，大批量、高水平的科研成果使人们都在惊叹——21 世纪简直就是基因工程世纪!

在 21 世纪之初，多国科学家联合绘制出了人类基因组草图，送给人类一份世纪大礼。今天，更多成果让人应接不暇：人们利用基因工程技术解决了许多重要药物的产量问题，如治疗糖尿病的胰岛素等；人们还利用基因工程技术培育出了许多转基因动植物，如抗虫棉、转基因大豆、转基因鱼等。这些成果非常有效地缓解了人们日趋增长的物质需求所带来的压力，但与此同时，基因工程所引发的一些争议也日趋升温，如转基因动植物的安全性等。

当然，基因工程的作用绝不仅限于此，我们也期待基因工程在未来能揭示更多的奥秘，带来更多的惊喜。

什么是“试管婴儿”

千万不要从“试管婴儿”文字表面理解其意思，它并不是在试管中孕育婴儿的意思，试管婴儿的学名是体外受精—胚胎移植技术。成功培养试管婴儿需要经过促排卵治疗、取卵、体外受精、胚胎移植、黄体支持、妊娠的确定等步骤。简单而言，是在对待孕女性进行“个性化”治疗之后，将卵子从母体取出，同时获取成熟强壮的精子，将二者在人工控制的特殊培养皿中结合，完成受精，形成胚胎，然后再移植到母体子宫内，经过十月怀胎

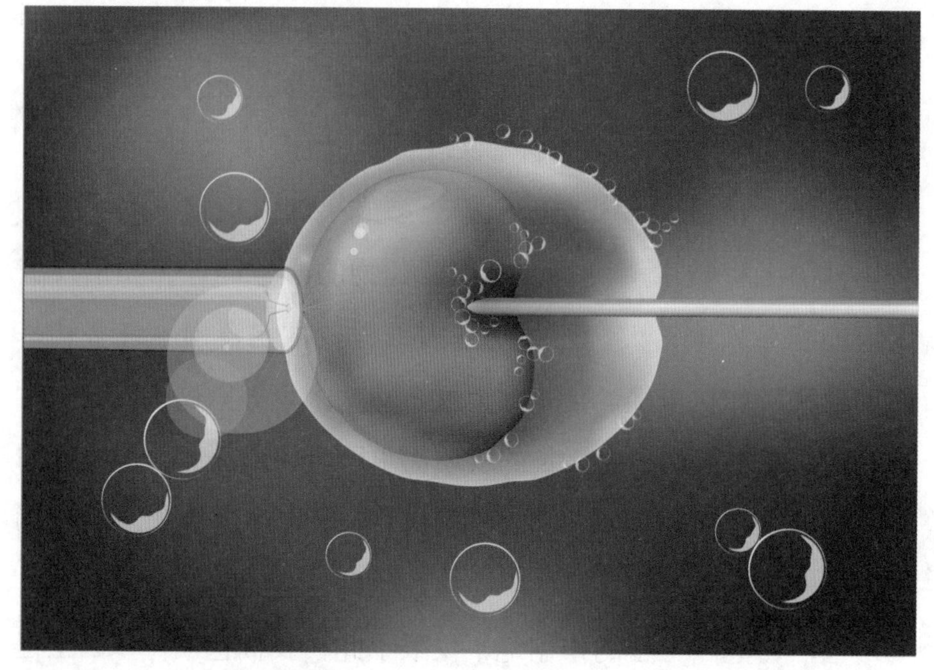

▲ 向卵细胞注射精子，形成受精卵

长成婴儿。其与正常婴儿的形成最大的区别就在于试管婴儿的受精过程是在体外经过人工控制完成的，而不是在女性输卵管里完成的。

1978 年，世界上第一个试管婴儿路易斯 · 布朗在英国诞生，堪称人类医学史上的奇迹。之后在各国科学家的共同努力下，试管婴儿技术取得了巨大的发展，为无数父母带去了福音。也许你会问，人们可以决定试管婴儿的性别和胚胎数量吗？没错，理论上确实可以，但是婴儿的性别检查涉及社会道德问题，任何医疗机构都是不会随意提供的。至于多胞胎，移植到子宫内的胚胎数量与妊娠失败概率、母体不安全度等都是成正相关的，一味地追求多胞胎是很冒险的行为。

修复手套是什么样的手套

我们经常会用到手套：每到天冷的时候，我们总要戴上漂亮的手套来保暖；干活儿时我们也会戴上手套，以保护我们的手免受伤害；我们还将手套作为装饰品。这些是我们所了解的手套，而修复手套又是怎样的手套呢？它与我们日常所用的手套又有什么不同呢？

2004 年，普亚·阿伯尔法特希凭借他发明的修复手套获得了当年的“尤利卡令人鼓舞科学奖”，修复手套的大名开始在医学界

▼ 人体修复机械装置

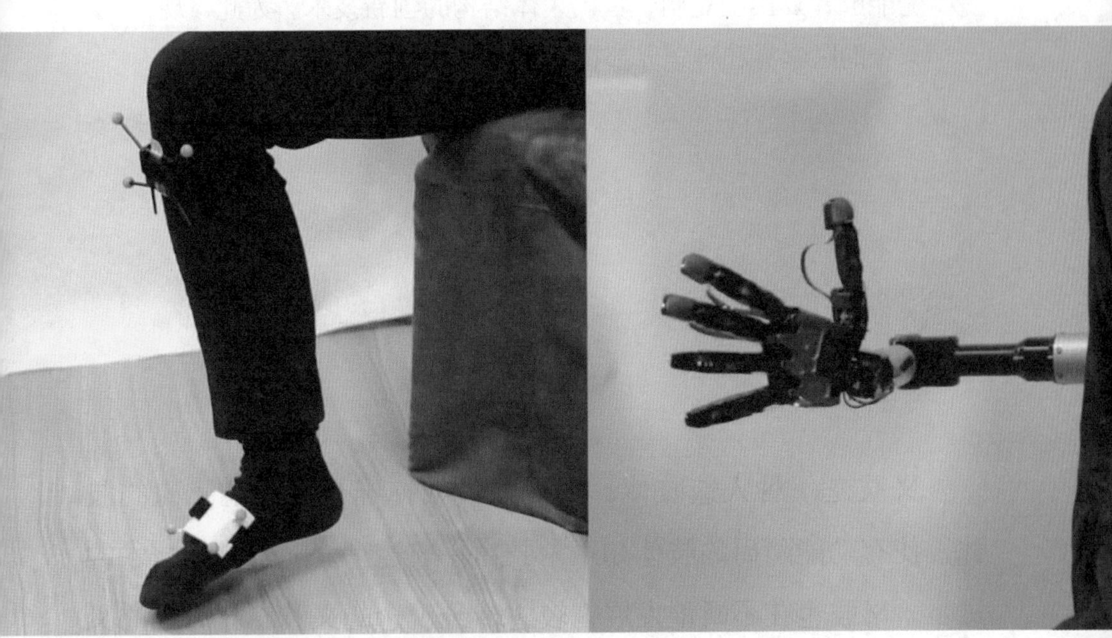

迅速走红。其实，修复手套是不同于日常生活中的手套的，它是一种装置，这种装置里装配有特殊的制动器和传感器，能够模仿人手的生物力学运动，就像一种具有人工肌肉的“手套”一样，能够使人失去运动能力的手重新运动起来。28 岁的米克证实了修复手套能给人们带来希望与奇迹。当时的米克刚遭遇车祸不久，他的身体受到了重创，虽然可以移动手臂，但却无法握紧手中的东西，胸部以下也完全丧失了知觉。当米克戴上修复手套后，奇迹发生了，通过操作与米克身体相连的控制杆，米克的手竟神奇般地动了起来——这是自车祸发生后再也没有出现过的事情！

小贴士

其实，人们对修复手套的研究目的不止于此，还希望能够开发出能复制、替代人体结构的创新技术。为此，现今的医学界和科学界都在不懈地努力着。

高科技时代的义肢是什么样子的

义肢是一种人造肢体，用来取代或掩饰具有功能障碍的肢体，使有功能障碍的肢体如正常肢体一般运动。随着科学技术的进步，义肢也在不断地发展，较之传统观念的义肢，新时代的义

▲ 仿生学假肢

肢有什么不同呢？

2006年，日本筑波大学的科学家发明了一种名叫“混合辅助义肢”的高科技产品，这个产品有个机械骨架，可以附在人身上。而且，它还在人体皮肤表面装有传感器，这种传感器非常神奇，能够探测到身体的生物电流，并根据捕捉到的神经信号驱动机械骨架，使人体做出相应的动作。但这还不是最令人震撼的，最让人惊喜的是这个义肢能够根据每个人的行动特点进行自我“校准”。也就是说，在使用过程中，义肢上的计算机会根据记录到的人的姿势、动作、生物电流信号特征等，自动调节机械骨架的运动方式，最终使它适应使用者的需求。2014年，瑞士一家医院又发明了一种仿生学假肢，这种假肢通过与人手臂上两个主要神经系统连在一起的电极芯片来运转，这种电极芯片

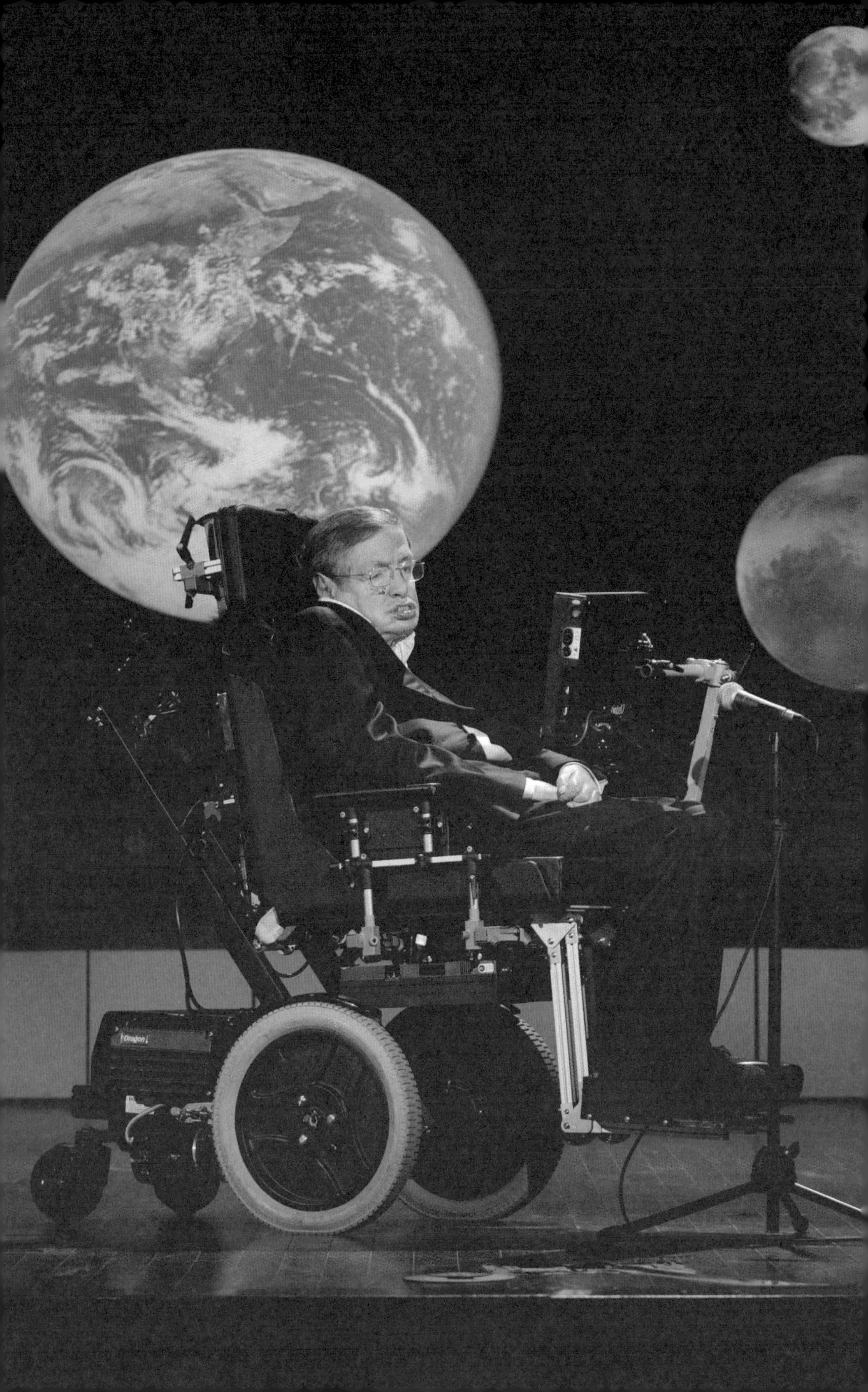
Dragon

不仅可以帮助佩戴者通过思维控制假肢运动，还可以向佩戴者的大脑发送相关信号，使人产生真实的感觉。另外，这种假肢非常轻便灵敏，人植入它后，甚至感觉不到异物的存在。利用这些先进的义肢，相信会有更多的患者能像正常人一样轻松运动、正常生活。

霍金是怎样与人交流的

霍金，一部《时间简史》让全世界人都认识了他、认可了他。他是世界上最伟大的物理学家之一，在宇宙与黑洞的研究领域取得了突出的成就。了解霍金身体状况的人都知道，由于肌萎缩侧索硬化症，他很早就全身瘫痪了，起初还有三根手指可以动，后来随着病情的恶化，就连手指也不能动了。面对这样的身体状况，霍金又是怎样工作、怎样与人交流的呢？这都要靠一项叫“语音合成器”的发明。

要说语音合成器，就得先了解语音合成。语音合成是指人工合成人类的语音。而语音合成器就是实现语音合成的器具，通常将电脑程序应用在语音合成上。

1963 年，年仅 21 岁的霍金被确诊患有肌萎缩侧索硬化症，在与病魔的斗争中，霍金虽然奇迹般地活了下来，却失去了运动的能力。

1985 年，突如其来的肺炎让霍金的病情更是雪上加霜，因治疗肺炎而做的穿气管手术彻底剥夺了霍金的说话能力。从此以后，霍金与外界的语言交流就只能靠语音合成器来完成了。霍金用的语音合成器也因霍金的身体状况而不断改进着。当霍金还有三根手指可以动时，他主要使用安装着“平等器”电脑程序的语音合成器，通过手指控制即可发声。后来当霍金连手指也不能动时，科学家为他发明了新的语音合成器，使霍金可以通过眼球转动控制发声。霍金就是通过这样的方式与别人进行交流的。

纳米技术被运用在哪些领域

纳米技术和信息技术、生物技术一起被公认为 21 世纪的三大高新科技，对人类经济、生活等各方面都产生着巨大的影响。

从专业角度来说，纳米技术是一门应用科学，主要研究结构尺寸在 0.1 ~ 100 纳米范围内的材料的性质和应用。它的出现对人类社会造成了极大的影响，不只在理论方面发展了很多现代学科，还在实际应用方面给人们带来了许多好处。在理论方面，它综合运用计算机技术、微电子和扫描隧道显微镜技术、核分析技术等现代技术手段，创新性地发展了混沌物理、量子力学、介观物理、分子生物学等许多现代学科。在实际应用方面，继 2000 年美国宣布启动“国家纳米科技行动计划（NNI）”之后，欧洲各国、日本以及中国都高度重视，并推出了详尽的纳米科技

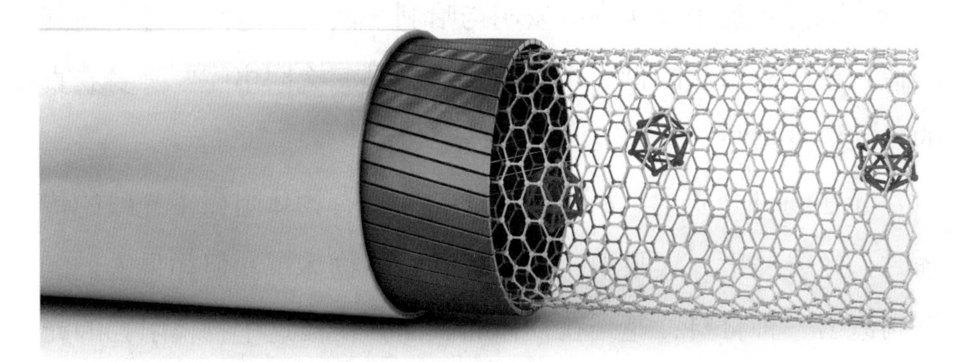

▲ 碳纳米管结构示意图

发展规划。纳米材料正在被应用到各领域中，如材料、微电子和计算机技术、医学与健康、航天和航空、环境和能源、生物技术和农产品等领域，给人们的生活、经济的发展等带来了很多好处。

纳米技术虽然高端先进，但并不遥远，人们在平时可以看得见、摸得着、用得上。利用纳米技术制造出来的新材料正在被广泛地应用于诸多领域，如国家安全事业、工业以及日常生活中，为人类的美好生活增添了新的色彩。

隐身衣真的可以使物体隐形吗

看过《哈利·波特》的朋友大都对哈利·波特的那件隐形斗篷印象深刻——披上之后，立马就能隐身，即使站在别人面前也不会被察觉。这样的东西在现实中存在吗？关注科学的人可能会注意到隐身衣这个现实中的发明与哈利·波特的隐形斗篷是何其相似！在没有魔法的世界中，隐身衣又是怎么回事呢？隐身衣真的可以隐身吗？

光在同种介质中是沿直线传播的，当有物体阻碍了光线的传播时，光线反射到人眼中，人就可以看到物体了。但如果人们能够制造出一种材料，遮挡在物体的表面，使被这个物体阻挡的光线绕着走的话，这个物体就“隐形”了。而隐身衣使用的就是这样一种材料，它能造成物体视觉上的“隐形”，呈现在人眼中的其实是别处的影像。

其实，隐身衣并不能真的使物体隐形，它只是运用了一些技术，对人的视觉进行了“欺骗”。当对披上隐身衣的物体进行肢体碰触时，还是可以感觉到物体的存在的。

▼ 隐身

小贴士

目前的隐身衣只是达到了不被微波探测到的隐形程度而已，真正能使人完全看不见的隐身衣还有待进一步的研究。

“无人工厂”里有人吗

1952年，美国福特汽车公司建成了世界上第一个无人工厂，这是个生产发动机的无人工厂，坐落在俄亥俄州的克里夫兰市。自此，“无人工厂”开始进入人们的视野。进入高科技时代后，由于科学技术日趋发达，无人工厂的超高效率越发引起了人们的注意。但无人工厂真如其字面意思那样——工厂里没有人吗？下面就来看看无人工厂到底是怎么回事。

无人工厂又被称为自动化工厂或全自动化工厂，它是全部生产活动主要靠电子计算机来进行控制，生产第一线配有机器人而无需工人的工厂。在这种工厂里，只要在计算机里输入生产命令，当指令发出后，由计算机控制的各种设备，如机器人、数控机床、无人运输小车、自动化仓库等，会自动依指令工作，经过一系列流程最终生产出所需要的产品。这些流程主要包括产品设计、工艺设计、生产加工、检验包装等，而产品销售活动通常在

▲ 空无一人的自动化工作车间

工厂外进行。在无人工厂里，人不直接参加一线生产工作，但这并不是说里面没有人。通常人在工厂里担当着类似于“指挥员”和“医生”的职责。白天，工厂里会留有少数工作人员做一些核查调整的工作；夜里，工厂里也会留两三名监察员，来保证机器的正常运转。所以，“无人工厂”里还是有人的，而所谓的“无人”也只是针对“把人从生产中解放出来，由人操作机器进行生产”的一种形象说法而已。

无人机在高科技时代有怎样的发展

说到无人机，对军事武器感兴趣的朋友可能会有所了解，它是一种无人驾驶的飞行器，主要由无线电遥控设备或者由自身程序操纵飞行，在现代的军事装备中占据非常重要的地位。

人们对无人机的研究从很早就开始了，在 20 世纪 20 年代就已经出现了用于训练的靶机无人机了。可是，与同时代的其他发明相比，无人机的发展是非常缓慢的，直到 20 世纪 60 至 70 年代才出现用于战争的无人机，而且大多都是用于侦察。进入高科技时代后，随着微电子、光电子、计算机、通信与网络、隐身、新材料等相关技术的发展，全世界特别是美国的无人机研究有了迅猛发展，它开始从过去的单一侦察向集侦察、攻击以及空战于一体的多功能全方位无人作战飞机方向发展。2001 年 6 月，美国将“地狱火”导弹安装到“捕食者”无人机上，使无人机拥有了侦察和攻击的双重功能，后来在阿富汗战争中，这种无人机开创了无人机直接作战的先例。2010 年，无人机发展到了一个全新的高度，美国研制的 X-47B 无人机达到了当前世界无人机技术的顶级水平，它不仅是世界上首架完全可由电脑操作、无需人工干预的“无尾翼、喷气式无人驾驶飞机”，同时也是世界上最早的能够成功从航空母舰上起降的隐形无人轰炸机。现今，许多国家对无人机的研究还在继续，相信在未来，无人机会有更好的发展。

第五章

好发明，坏发明

正如世界上的每枚硬币都有正反两面一样，科技发明也是如此，它就像一把双刃剑，一方面能够为人类社会带来进步与发展，另一方面也给人类社会带来了一定的问题与危害。

科技发明好的一面，不仅促进了人类文明的进程，还给人们提供了舒适、便捷、安全的生存环境。与此同时，科技发明不好的一面也会随着社会的发展、问题的累积而逐渐显现。环境污染、生态失衡、食品安全……这些都是当下人们所关注的焦点，而这些问题在一定程度上与科技发明也有关系。举个简单的例子，汽车这项科技发明，好的一面是它作为代步工具，使人们

的出行变得更加便利、快捷、舒适；不好的一面反映在数量与日俱增的汽车带来了越来越严重的交通堵塞、大气污染等问题。除了汽车，还有很多的科技发明，如火药、纸张、原子弹等也是如此。

虽然科技发明是一把“双刃剑”，会给人类社会带来一定的问题与危害，但“因噎废食”显然是既不现实又不理智的做法——我们不能停下“发明的步伐”。在今后的发展中，如何正确看待科技发明，发扬其有利的一面，弱化其不利的一面，是需要长期关注的。

为什么说塑料袋是“糟糕”的发明

在2002年，塑料袋被英国《卫报》评选为“人类最糟糕的发明”。通常一提到塑料袋，大家都会想到它的轻便，那么塑料袋又有何罪过，让人们在享受极大便利的同时又给出“最糟糕的发明”这一差评呢？原因就在于制作塑料袋的材料。它的材料大多是不可降解的，分子结构非常稳定，人们很多时候只能通过挖土填埋或高温焚烧等方式对废弃的塑料袋进行处理。但在土里，

▼ 海上漂浮着大量无法降解的塑料袋

塑料袋要经过200年以上才能腐烂，其间还会严重污染土壤；而焚烧则会产生大量有害烟尘和有毒气体，这些有毒有害物质会对人的健康以及生态环境带来严重的危害。

废弃的塑料袋对环境的破坏实在很大，但鉴于塑料袋的便利之处，要全面禁用也不太现实。对此需要采取更为积极的态度，即采取回收利用和降解相结合的方式解决问题。一方面，对高成本的塑料包装袋进行回收，这在国内外已经成功推广；另一方面，对低成本的塑料袋采用可降解的原材料进行生产。其实，最重要的还是要培养公众的环保意识，从点滴小事做起，比如购物时自带纸质或布质的循环购物袋等。如此一来，便利的塑料袋才可以摆脱“最糟糕的发明”的绰号，以一种全新的方式继续为人类造福。

为什么汽车被称为“城市生活中的流动杀手”

自德国工程师卡尔·本茨于1886年发明了世界上第一辆汽车开始，汽车就深受人们的欢迎。进入高科技时代以来，汽车成为人们日常生活中必不可少的代步工具。舒适、便捷是汽车带给我们的直观感受。然而，就是这样一项为出行带来极大便利的发明，如今却被称为“城市生活的流动杀手”，这到底是为什么呢？

随着汽车的大量生产和使用，汽车的负面影响也越来越严

▲ 汽车尾气是导致空气污染的重要因素

重。而今人们之所以把它称作“城市生活中的流动杀手”，大体有以下几方面的原因。首先，汽车的最大危害在于逐年攀升的交通事故次数和死亡人数。据统计，全世界每年大约有 120 万人死于车祸，平均到每天，大约有 3200 人因此死亡。其次，燃油机动车污染已经成为大气污染的罪魁祸首，在一些发达国家，汽车排放的污染物已经占到大气总污染物的 30% ~ 60%，汽车污染所引发的疾病也越来越多。汽车排出的污染物主要有一氧化碳、氮氧化合物以及微粒污染物，这些污染物被排放到空气中，特别容易引发人们的呼吸道疾病；另外，汽车污染对自然界的其他动植物也能造成极大的伤害。

小贴士

驾驶新能源汽车可以极大缓解传统汽车尾气造成的大气污染。目前的新能源汽车包括纯电动汽车、增程式电动汽车、混合动力汽车、燃料电池电动汽车、氢发动机汽车等。

互联网这一科技发明给我们带来了什么

当需要了解信息时，我们可以查阅网络资料库；当不想去学校学习时，我们可以上网络课程；当不想去公司开会时，我们可以召开网络会议；当想念朋友时，我们可以与朋友进行网络聊天；当想知道世界动态时，我们可以看网络新闻；当不想出门购物时，我们可以选择网上购物；当想进行娱乐活动又不想出门时，我们还可以玩网络游戏、看网络视频、听网络歌曲……这些都是日常生活中经常发生的事情，网络资料库、网络课堂、网络会议、网络聊天、网络新闻、网络购物、网络游戏、网络视频、网络歌曲等都是互联网给我们带来的便利。互联网不仅促进了社会的进步，也使我们的生活、学习、工作更加方便、快捷、自由与舒适。

可是，互联网在带来了许多好处的同时，也带来了许多社会问题。例如：一些人沉迷网络游戏而不能自拔；一些不法分子

▲ 沉迷网络已经严重影响了人们的日常生活

利用网络的漏洞，在网上传播非法信息；随着网络聊天工具的普及，人与人之间的面对面交流越来越少，常常出现“对面邻居不相识”的情况；近年来，网络诈骗、网络犯罪也越来越多。

互联网利用虚拟的空间给我们带来了一个纷繁复杂的大千世界，有好的，也有不好的，但如何选择，是我们自己的事情。

电池为什么会成为地球污染的超级公害

自电池发明至今的200多年间，它已融入到社会的方方面面，成了人们生活与工作中离不开的“宝”。电子辞典、学习机、照相机、手机……这些平时常用的电子产品，哪一个都离不开电池。可是，就是这样的一个“宝”，却在近年来逐渐成为地球污染的超级公害，这又是为什么呢？

有人曾经这样形容电池：“人类可能用 200 多年的时间享受电池的益处，却要用 1000 年的时间深受其害。”不明真相的人可能会觉得这句话太过夸大其词，觉得小小的电池何至于此。但是了解了电池的真面目后，可能就会觉得这句话还不足以形容电池对地球造成的危害。科学研究表明，一粒纽扣电池可污染 600 立方米的水，一节一号电池埋在地里的话，能够使 1 平方米的土地失去价值，并且它造成的危害还是永久性的。说到这里，有人可能会觉得太不可思议了，电池怎么会有这么强的污染力呢？这是

▼ 将废旧电池放在特制的回收箱里

因为在制造电池的材料中包含了很多对自然界危害比较大的物质，如汞、铅、镉等。人类每年产生的废电池量也是非常巨大的。以中国为例，单 2000 年一年，中国的电池产量和消耗量就高达 140 亿只。更可怕的是，电池的回收是极其困难的。所以，电池才会成为地球污染的超级公害。

为什么将滴滴涕称为诺贝尔奖的“无穷尴尬”

滴滴涕又称 DDT，是一种高效杀虫剂，由于它在消灭害虫方面的显著效果以及在控制疟疾和伤寒等疾病方面的突出成就，曾一度成为全世界的“宠儿”，它的发明者也因此获得了诺贝尔生理学及医学奖荣誉。可是就是这样一项被人们认为无害的“明星”发明，为什么后来却遭到了许多国家的“封杀”，并被称为诺贝尔奖的“无穷尴尬”呢？

原来，昔日被人们认为无害的滴滴涕并不是真正的无害，只是它的危害最初没有被人们发现罢了。而它之所以遭到各国封杀，并被称为诺贝尔奖的“无穷尴尬”，也是因为它所具有的致命性危害。滴滴涕的危害是在它被全世界人们广泛使用了 30 年后，才逐渐被科学家发现的。起初，科学家只是发现在某些常用滴滴涕的地里，昆虫对它有了一定的抗药性，作物的产量也随之大幅度减少。但此时人们还没有意识到问题的严重性。后来，随着研究的逐步深入，科学家发现滴滴涕的危害比人们起初所认为的严重得多，它不仅危害人类的健康，对动植物种群以及生态系统也能造成不可逆转的危害。虽然许多国家在发现了滴滴涕的危害后就相继禁止使用它了，但是过去使用的滴滴涕所造成的危害却并没有因此而停止。由于滴滴涕极难分解，它的毒性会一直滞留在自然界的生态循环中，很难消除。甚至，人们已经在南极洲的海豹和企鹅体内发现滴滴涕的痕迹——那些生活在高纬度等人迹罕至地区的生物也未能幸免。

▼ 滴滴涕的毒性危害生物

谁是臭氧层空洞的幕后元凶

自20世纪90年代以来，英国南极探险队基本在每年的9～11月都会发现南极上方出现臭氧层空洞的现象，这个发现让世人震惊，也引起了人们对臭氧层的密切关注。究竟什么是臭氧层？臭氧层有怎样的作用？臭氧层空洞是怎么回事？臭氧层空洞的幕后元凶又是谁呢？

所谓臭氧层，其实就是大气中臭氧浓度较高的部分所形成的大气层，分布在距离地表20～50千米的高空。科学研究显示，大气中的臭氧可以有效地吸收太阳辐射中对地球上的生命有伤害

▼ 发泡剂（左）和制冷剂（右）是破坏臭氧层的元凶

的大部分紫外辐射，臭氧层就像地球的天然保护伞一样，保护着地球上的一切生命，使其不被过量的紫外辐射伤害而得以正常存活。可想而知，如果臭氧层出现空洞的话，地球上的一切生灵就会直接暴露在紫外辐射下而受到伤害。

其实，臭氧层空洞并不是真的在臭氧层上出现一个洞，而是对臭氧层中臭氧含量季节性大幅度下降现象的一种“描述”。在知道这些基本信息后，最关键的就是找出导致臭氧层空洞的幕后元凶。究竟是谁破坏了臭氧层呢？经过大量的实地考察和理论研究，科学家们终于达成了共识，认为幕后元凶就是人类向大气中排放的氟氯烃化合物。氟氯烃化合物是人类发明出来的，常用在制冷剂、发泡剂中，给人们带来了很多好处。可是当它进入大气后，在强烈的太阳紫外辐射下就会破坏臭氧分子而成为造成臭氧层空洞的幕后元凶。

为什么有人将炸药喻为被开启的“潘多拉魔盒”

对于炸药这项发明，人们是比较熟悉的。要回答上面的问题，还得先来看看“潘多拉魔盒”。这个有着美丽名字的盒子又有怎样的寓意呢？“潘多拉魔盒”出自希腊神话。在希腊神话中，众神中的普罗米修斯非常关心人类，可是父神宙斯对此却非常不满。为了报复人类，宙斯就用黏土做成了地上的第一个女人并将她送给了普罗米修斯的弟弟，这个女人就是潘多拉，意为拥有一切天赋。后来由于潘多拉禁不住好奇心的驱使打开了一个魔盒，释放出了人世间的所有邪恶，“潘多拉魔盒”就由此而来，后人常用它来比喻灾难和邪恶。

知道了“潘多拉魔盒”的意思后，再来回答这个问题就不难了。炸药是由著名的大发明家诺贝尔发明的。最初诺贝尔发明炸药的目的只是为了造福人类，比如人们可以用它来实施爆破，这对开矿、凿山、修路等许多工程都非常有利。可是后来人们却把它用在战争与杀戮上，威力巨大的炸药开始无情地残害着人类，给人类的和平带来了很大的威胁，这也是有人将炸药喻为被开启

▼ 炸药爆炸时会产生极大的破坏力

的“潘多拉魔盒”的原因。时至今日，世界上许多恐怖分子经常利用炸药来进行恐怖袭击活动，严重地危害了人们的生命和财产安全，给人类的和平造成了恶劣的影响。

核武器的发明给社会带来了什么影响

1945 年 7 月 16 日，世界上第一颗原子弹在美国新墨西哥州的阿拉默多尔空军基地的沙漠上空成功爆炸，自此人类进入了核武器的时代。核武器是指那些利用核反应、具有大规模杀伤性的武器，主要分为核裂变武器和核聚变武器。目前已经研制出的核武器有原子弹、氢弹、中子弹、三相弹等。

核武器一经问世，就引起了国际性的轩然大波，也引起了世界性的恐慌。第二次世界大战中，美国在日本广岛和长崎投下的两颗原子弹让世界人民不仅见识到了核武器的威力，也意识到了核武器的恐怖。

核武器的杀伤性太强，在核武器爆炸过程中，不仅能产生几万甚至几千万吨 TNT 炸药爆炸时产生的能量，还能产生多种危害严重的辐射，如光辐射、热辐射以及核辐射等。这些辐射，特别是核辐射危害甚久、波及甚广。拿日本的广岛和长崎来说，这两地至今仍遭受着核武器摧残的“后遗症”。1962 年的古巴导弹危机，更是彻底让人们意识到了核武器的威胁，一旦爆发核战争，给人类社会带来的将是世界性、毁灭性的打击。

▲ 1945 年日本长崎核爆炸后腾起巨大的蘑菇云

鉴于此，自20世纪60年代后，国际上就开始有组织、有步骤地限制核武器的研发。既然如此，为什么现在依然有一些国家冒天下之大不韪、致力于核武器的研究呢？这与核武器具有的强大威慑力有关——核武器能给拥有它的国家带来巨大的战争潜力和重要的国际地位。

味精对人体有哪些危害

味精是调味的佳品，通常为柱状结晶体或者粉末状结晶体，能够极大地增加食品的鲜味，颇受人们的喜爱。但是需要注意，

▼ 味精

别看它晶莹剔透似乎没什么危害，可如果食用不当，也会给人们的身体带来不少危害。

味精对人体都有哪些危害呢？第一，经常食用添加过量味精的食品，有可能导致体重超重，这与味精提鲜的作用有关，味道鲜美的食品往往能增加人们的食欲，长此以往，吃得多了体重自然就可能超标了；第二，味精是“视力杀手”，过量食用会影响视力，使人出现暂时性视力模糊的症状，严重时还有可能出现视力下降甚至失明的危险；第三，过多食用味精会影响人体对钙、镁的吸收，从而引发头晕、恶心等一系列症状；第四，过量食用味精会引起锌的缺乏，而锌是人体生长发育所必需的元素，特别是对婴幼儿来说，它的缺乏往往会引发严重的健康问题，如智力发育缓慢、性晚熟等，所以，婴幼儿以及处于哺乳期的母亲应特别注意对味精的摄取，不能过量。除此以外，过多食用味精还有其他一些危害，如引发高血压、生殖性疾病等。

香烟给人们带来了哪些危害

香烟给人们带来了许多危害，不只吸烟的人，不吸烟的人也会被动受到伤害。

香烟都有哪些危害呢？研究表明，吸烟的人患上肺癌、冠心病、慢性气管炎、口腔癌、重症哮喘等疾病的概率大大高于不吸烟的人。而且，如果孕妇吸烟的话，还会对她怀的孩子产生巨大

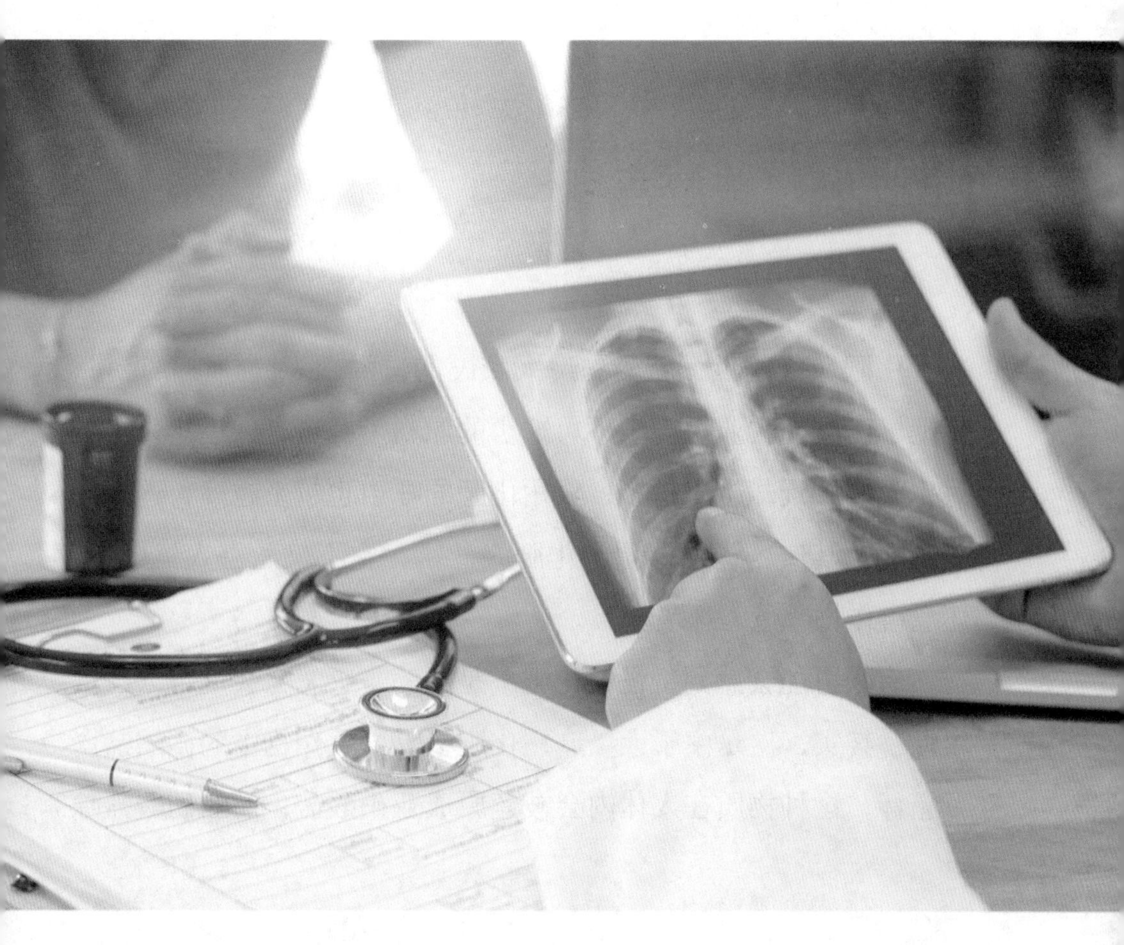

▲ 吸烟有害健康

的影响，可能会影响孩子的智力、体质、发育等。相比于吸烟的人所遭受的伤害，不吸烟的人因周围的二手烟所遭受的伤害甚至比吸烟的人还要大。研究表明，如果一个人一天吸二手烟的时间超过 15 分钟，那么他患癌症的概率与吸烟者是一样的。想一想，这是多么可怕的一件事啊！

吸烟不只危害自己的健康，也危害其他人的健康。为了自己，也为了他人，请远离香烟，珍爱生命！

化肥有哪些危害

化肥一经问世，就受到广大农民的喜爱，为提高粮食产量，化肥早已成为农业生产中不可缺少的原料了。可是，近年来人们对化肥的质疑却越来越多，限用化肥的呼声也越来越高，这是为什么呢？其实，这主要源于化肥的危害，它不仅危害人体健康，还危害作物、危害环境。

有人可能会感到奇怪：化肥不是农药，它怎么会危害人体健康呢？其实，这是由于大量施用化肥极易导致作物中的硝酸盐含量超标，这种物质在人体内会被还原成亚硝酸盐，而亚硝酸盐除

▼ 化肥

▲ 飞机在喷洒化肥

了会引发高铁血红蛋白症，还会与肠胃中的含氮化合物结合形成致癌物质，从而引发癌变。而对作物和环境，化肥也有巨大的危害。大量使用化肥，不仅容易产生“烧苗”现象，还会危害土壤中的微生物，破坏土壤结构，产生土壤板结等问题。化肥中的一些物质进入大气、水域后还会引发一系列的环境污染，如其中的磷进入河流会导致藻类等水生植物疯长，从而破坏生态平衡。除了这些，还有一些其他危害，如化肥的大量、长期使用会造成作物质量下降，出现菜不香、瓜不甜的现象等。

在认识到化肥的危害后，如何合理使用甚至不用化肥、改用其他无污染的肥料成了人们研究的方向。

第六章

动植物与发明

讨厌的苍蝇、可爱的猫咪、美丽的蝴蝶甚至是不起眼的蚂蚁，这些动物们和高科技、大发明之间都有着非常密切的联系。可能你不敢相信，但事实就是这样。大自然中生活着无数的生物，人类用自己智慧的头脑向大自然“取经”，并从自然现象中得到启发，从而产生科技发明的灵感，制造出各种各样的科技产品，不断丰富着我们的生活。乌贼、蛋壳给了人类制造烟幕弹和薄壳建筑的启发；响尾蛇带来的灵感使人们发明了红外探测器；企鹅的运动方式促成了极地越野车的发明……没错，这就是仿生学——人们从生物体的结构功能受到启发，创造出新的发明。让

我们共同翻开这不可思议的“生物启示录”，感受大自然的神奇和人类的智慧吧！

龙虾对天文研究的贡献

龙虾一向是人类餐桌上美味海鲜的代名词，不过，龙虾除了给人类提供鲜美的食物，还给了人类一个非常有益的启发。这个启发到底是什么呢？

科研人员在对龙虾进行研究时发现，它的眼睛非常特殊，与

▼ 龙虾

人类弯曲的视网膜和圆锥细胞截然不同。大量规则排列、极细的细管形成的球面结构对外界的光线非常敏感。当龙虾的眼睛感知、接触到外来光线时，会立即反射这些光线，从而成像。正是有了这种神奇的视觉系统，即使生活在非常浑浊的水中，龙虾照样能在这样的环境中看清物体。

根据龙虾眼睛的结构原理，人们发明了一种名为“龙虾 ISS”的天文望远镜。以往使用的类似人类眼球构造的 X 射线望远镜，因为其测量范围相对较小，并且不容易观察到宇宙中突然发生变化的 X 射线，这样就会错过许多宝贵信息，给天文研究工作造成的损失是难以弥补的。而新发明的“龙虾 ISS”天文望远镜，它不仅极大地拓宽了对星空的探索范围，可以将光投在暗物质上，而且，由于“龙虾 ISS”能够更高效地将 X 射线聚焦，因此要达到同等的成像水平，它消耗的能量更小，所以“龙虾 ISS”这种新型的设备对人体的放射伤害更小。

响尾蛇与红外探测器的发明有什么关系

大家在电视、电影中经常看到这样的情景：在一些商店、博物馆等地，虽然没有人在现场，但只要有小偷闯进偷窃，这些地方的报警器就会响起，从而阻止小偷偷窃的行为。是不是觉得自动报警器很神奇呢？原来，这是一种装有红外线的报警器，只要有小偷闯入，他们身上所发出的红外线就会被报警装置感应到，

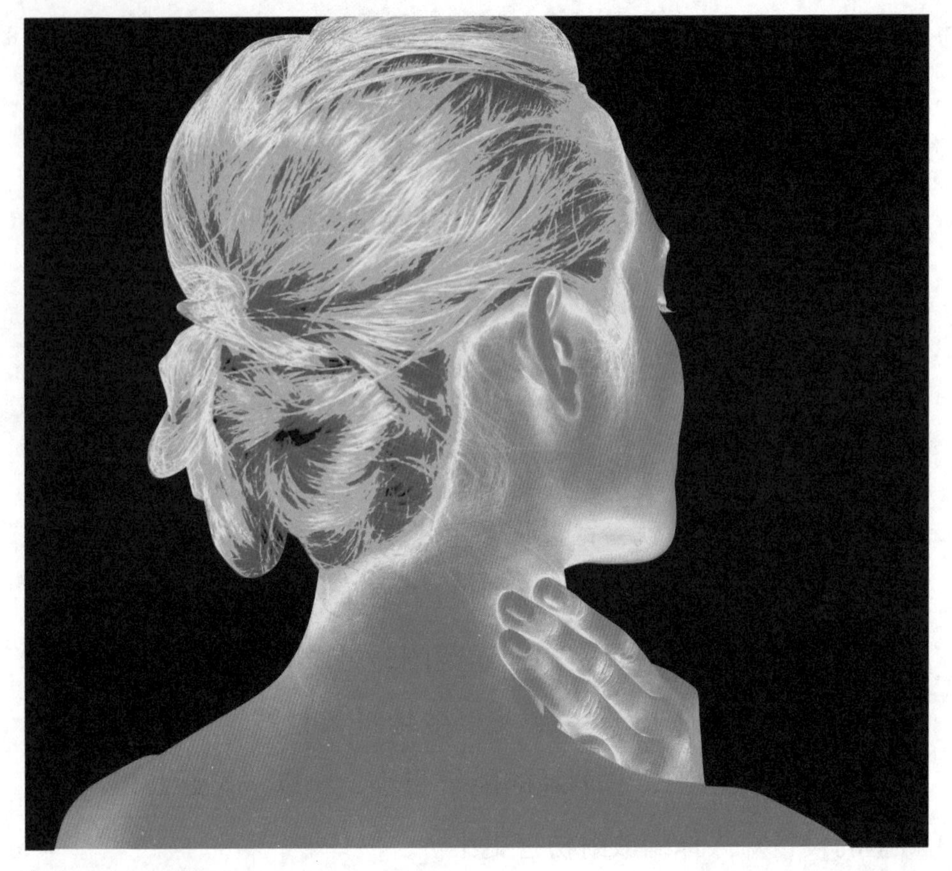

▲ 红外线的热成像

从而发出警报。

红外线是什么呢？简单地说，红外线就是一种热辐射。一般来说，所有的物体都可发出红外线，人和动物也不例外。虽然我们人类生活在一个五彩缤纷的光影世界里，但有很多光我们人类的眼睛看不到，这类光被称为不可见光，红外线就是不可见光中的一种。但是视觉不发达的响尾蛇对这种红外线比较敏感，并且响尾蛇要靠红外线捕捉猎物。原来，响尾蛇的头部有一种被称为红外眼或者热眼的颊窝器官，这种器官上分布着很多与响尾蛇的大脑紧密相连的热敏感神经纤维。所以一旦有红外线，响尾蛇的热眼便能快速捕捉这些红外线信号并传递给大脑，然后大脑将捕捉到的红外线信号和来自眼睛的视觉信号加以整合，并准确无误地发出相应的指令，这时候的猎物在响尾蛇的视野里就变成了“一团红光”，于是响尾蛇就能判断猎物的精确位置了。

科研工作者们正是根据响尾蛇的这种红外视觉原理，设计出了种类繁多的红外探测器。从民用领域到国防领域，从探测地热分布到探测海水温度的细微变化，红外探测器的应用领域可谓极其广泛。

讨人厌的苍蝇引发了什么发明

一见到苍蝇，估计人们都会露出厌恶的表情。但就是这么讨人厌的苍蝇竟然引发了一项重要的科技发明——气体分析仪。这是怎么回事呢?

经过观察研究，科学家们发现苍蝇的嗅觉器官有非常强的敏感性，在它接触到任何东西表面的瞬间，就能迅速通过气味分析出所接触物质的表面成分，从而判定这些物质是不是“可口”的食物。

苍蝇的感觉器官异常灵敏，这一特点启发了仿生学家们，他们利用苍蝇的这一特性，并结合科学手段发明了气体分析仪。甚至有科学工作者根据苍蝇的嗅觉器官的结构和功能方面的特性，仿制出了用活苍蝇来做“探头”的小型气体分析仪。科学家们首先借助高科技手段，把极其细小的微电极放到苍蝇敏感的嗅觉神经上，借助电子线路再将被微电极传导出来的神经电信号处理放大后，传给分析器，分析器的使命就是识别这些信号中的气味物质的信号，并在第一时间内发出反馈。

虽然气体分析仪在我们的日常生活中并不常见，但是它在很多领域中都发挥着很大的作用。比如，它能够帮助人们测量潜水艇和矿井中有毒气体的分布情况；而安置在宇宙飞船的座舱里的气体分析仪，则可以帮助人们检测飞船内的气体成分。在很多人们不能或者不便到达的地方，高灵敏的气体分析仪在做着无法取代的工作，俨然已经成了人们的得力小助手。

▼ 有毒挥发气体分析仪

小贴士

看看苍蝇“引发”的其他发明吧：

“蝇眼”照相机：苍蝇的眼睛里有许多呈六角形的“小眼睛”，能把近处运动的物体分成连续的单个镜头，并由各个小眼睛轮流“值班”，把近处的风吹草动牢牢地监控了，因此我们很难打到苍蝇。人们根据苍蝇眼睛的构造，仿制出了镜头由1329块小透镜组成的“蝇眼”照相机。

紫外眼：苍蝇的眼睛能看得见人和其他热敏元件所无法察觉的紫外线，科研工作者们又据此仿制了“紫外眼”，在国防领域起到了重要作用。

振动陀螺仪：苍蝇的后翅退化后形成了一对楫翅，这对楫翅能够为苍蝇的飞行作向导，使它不至于迷路或者在原地兜圈子。科学家们又据此得到启发，研制出振动陀螺仪，在飞机和火箭的飞行中作为导航仪使用，有助于提高飞机和火箭的飞行稳定性。

蝴蝶的美丽彩衣有什么秘密

蝴蝶被称为“昆虫界的西施”，特别是它那对五彩斑斓的翅膀，宛如精致的彩衣，在阳光底下一闪一闪的，非常漂亮。除了漂亮，蝴蝶的彩衣下还隐藏着科技大秘密！究竟是什么秘密呢？

▲ 人造卫星的控温系统为两面辐射、散热能力相差很大的百叶窗样式

▼ 蝴蝶翅膀上的鳞片

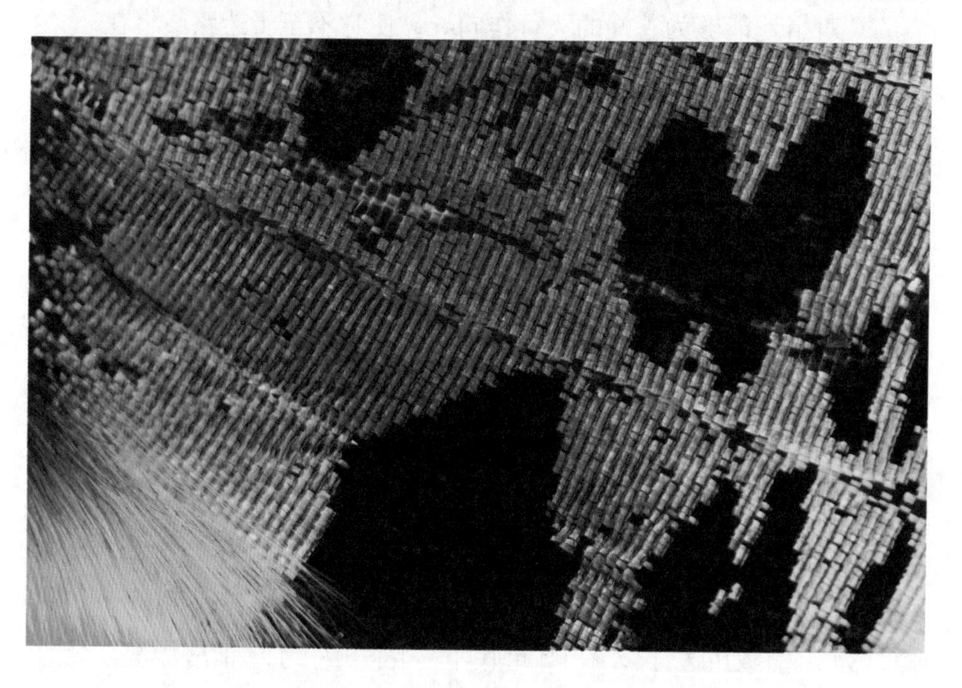

蝴蝶身体表面生长着一层细小的、形状不规则的鳞片，这些鳞片作用很大，是调节蝴蝶体温的“空调器”。当外界气温过高时，鳞片自动张开，这样就会减小太阳光的辐射角度，从而减少太阳光热量的吸收；当外部气温过低时，它的鳞片会自动闭合，让太阳光直接照射在鳞片上，这样蝴蝶便能吸收更多的光和热。因此，即使气温变化幅度较大，蝴蝶也能把自己的体温控制在一定的范围之内，既不冻着自己，也不会热着自己。那么，蝴蝶彩衣的“秘密”给了人类什么启发呢？

在宇宙空间，航天器对着太阳时，最高温度高达 130 摄氏度，而背对太阳的一面，温度又会降到零下 100 摄氏度左右。巨大的温差严重影响了许多仪器的正常工作，这个问题一直困扰着科学家们。发现了蝴蝶身上的鳞片会自动变换角度而调节体温后，科学家们深受启发，并据此制造出了类似蝴蝶鳞片的控温系统。这个系统的发明是航天事业中的一个突破，它能够保持人造卫星内部总体温度的平衡，从而使仪器正常工作。

“电鱼”身上的电是从哪儿来的

大家千万不要惊讶，世界上真的有会发电的鱼，那就是“电鱼”！我们人类已知的电鱼共有500多种，但被仔细研究过的只有20多种，其中电鳐和电鳗最为典型，接下来，就以这两种电鱼为例，讲述电鱼身上的电究竟从何而来。

电鱼具有专门的“电器官”，这些电器官由许多叫作“电板”的细胞组成，正是这些“电板”能使电鱼在身体外面产生电压。

▼ 电鳐

其实，单个“电板”产生的电压并不大，例如电鳗的每块“电板”只能产生150毫伏的电压，但许多“电板”连在一起，就能产生强烈的电压。各种电鱼的电器官的位置、形状、“电板”数都不一样。例如，电鳗的电器官是长棱形的，位于尾部脊髓两旁，能发出高达650伏特的电压。电鳐的电器官则在身体中线两旁，体内共有200万块左右的“电板”，大型电鳐可以发出高达220伏特的电压。那么，这两种电鱼和科技有什么关系呢？

世界上第一个直流电源伏特电池，就是以电鳐和电鳗的电器官为模型设计出来的，由于这种电池是仿照电鱼的天然电器官设计的，所以伏特把它叫作“人造电器官”。今后我们还可以从研究电鱼中得到不少新的知识，例如，如果我们能够根据电鱼电器官的发电原理，研发一套促使海水发电的机器，那么船舶等水上运输工具的动力补给就会变得和陆地上的汽车一样简单了。

蚂蚁的“空调房”有什么秘密

我们熟知的蚂蚁因勤劳的天性和团结一致的精神而被人们颂扬，其实除了这些，小蚂蚁堪称一绝的“建房技术”更让很多科学家对这些小生物们发出由衷的赞叹！看完这部分，大家肯定会更加佩服蚂蚁的！

大家对蚂蚁的巢穴是不是很感兴趣呢？蚁穴从上面看，只能见到一个小孔，其实地下的“房间”相当“豪华”！“房间”的外

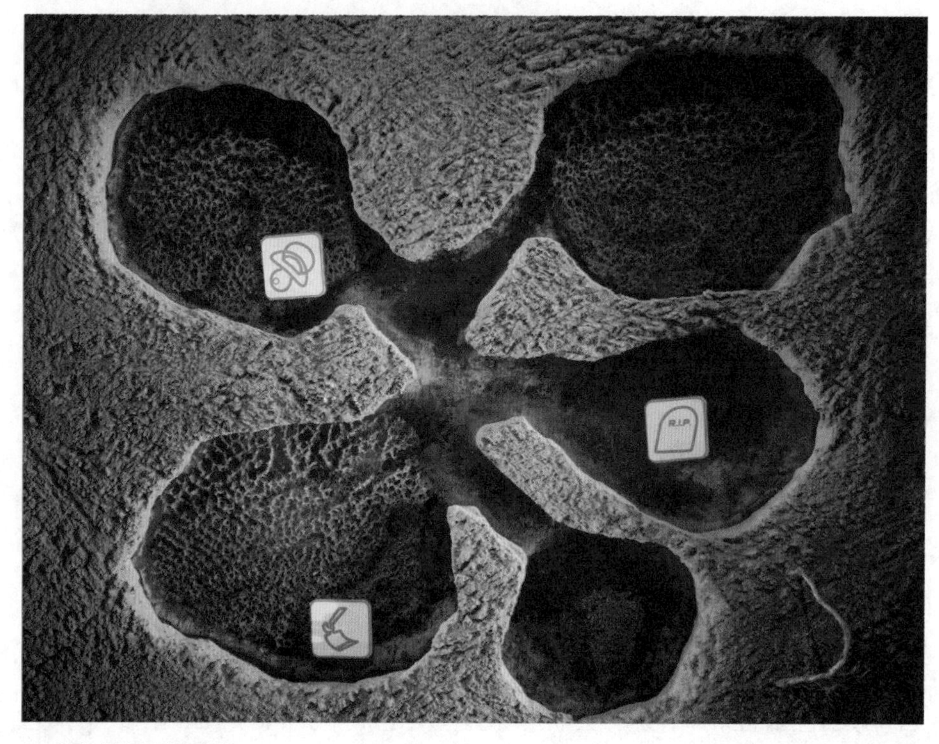

▲ 蚂蚁巢穴的剖面图

侧是一条条环状的深沟，内侧则是一条条纵横交错的浅壑，如同城市的环形大道和街巷一样。“城堡”中有很多房间，工蚁负责打理这些房间，它们不仅把房间“收拾”得井井有条，并且能把自己的巢穴维持在一个合适的温度，就像里面装了空调似的。这是怎么回事呢？原来，蚁穴的顶端都有出气口，蚂蚁们经常开启或关闭自己巢穴中的气口，使得巢穴内外的热、冷空气发生对流，这样就能保证巢穴内的温度恒定了。

蚂蚁“空调房”的这一发现被应用到了建筑领域中，于是在热带的津巴布韦的哈拉雷，就出现了一座神奇的建筑——约堡东门购物中心。该购物中心规模庞大，虽然没有安装空调，但是凉爽宜人。这个购物中心就是借鉴蚂蚁“空调房”的原理，从而达到了不用相关设备就使室内凉爽的效果！

啄木鸟为什么不会得脑震荡

我们人类的头部在受到一定程度的外力作用时，就会造成脑震荡，但是啄木鸟在用嘴“哒哒哒”地敲树捕食的过程中，头部要受到很大的冲击力，却仍旧安然无恙，不会造成所谓的脑震荡。这到底是怎么一回事呢？啄木鸟的这一“奇功”又给了人类什么样的启发呢？

通过观察啄木鸟的头部结构，研究人员发现，啄木鸟的头盖骨和大脑并不是直接连在一起的，而是留有少量的液体和很窄小的缝隙，因此振动波不容易在啄木鸟的头部传播。此外，啄木鸟的头骨骨质很软，像海绵似的，密度大、富有弹性。被这样的头骨包裹起来，啄木鸟的大脑内部就相当于有了一个避震功能极佳的保护垫，因此啄木鸟就能有效地抵御外力的撞击。而且啄木鸟舌头底部的结缔组织延伸环绕至脑部，同样也可发挥保护脑部的作用。

另外，科学家们发现，啄木鸟啄木时，其头部和颈部强壮的肌肉组织精确配合，它的头和嘴的运动形成的是近乎直线的轨迹，从而使啄木鸟的头脑避免受到扭曲力的伤害。人类受到启发，在运输酒瓶之类易碎物品的箱盒中，安放和被运输物品体积

▲ 安全帽

相仿的框格，使这些物品在运输过程中不会前后左右摇晃，只能垂直上下运动，这样就不易破碎了。

根据啄木鸟的头部结构，人们研制出了帽顶与头顶之间留有空隙、中间填充轻而有弹性的海绵状物体的安全帽，帽子还有缚带，固定住头部，这样就减小了头部在受到撞击时发生歪斜的可能性，从而降低脑震荡发生的可能性。

鲫鱼与“吸力挂钩”

世界上有这么一种神奇的鱼，之所以说它神奇，是因为它的头上有一个特殊的吸盘。利用吸盘，它将自已吸附在鲸、鲨鱼、海豚甚至轮船的船底，然后毫不费力地到处“旅行”。这种鱼就是生活在中国南海和非洲沿海的鲫鱼。鲫鱼经常搭鲨鱼的“顺风车”，一方面，鲫鱼吸在鲨鱼的身上，可以“狐假虎威”，从而免受其他大鱼的袭击；另一方面，鲫鱼还可享受“免费的午餐”，鲨鱼狼吞虎咽之后的残羹就是它的美味佳肴——这真是一举两得的事啊！对于鲨鱼来说，鲫鱼吸附在它身上没有什么好处，也没有太大的坏处，因此，也就懒得理它了。

鲫鱼的吸盘怎么这么厉害呢？原来，鲫鱼吸盘中间有一个纵条，将吸盘分割成两块，每块都长有 22 ～ 24 对可以自由竖立或倒下的软质骨板，其周围分布了一圈软质皮膜。当鲫鱼贴在大鱼的身体表面时，它的软质骨板便会竖立，然后将吸盘中的海水全部挤出形成真空小室。这样，在外部水和大气的巨大挤压下，鲫鱼就能如愿以偿，牢牢地吸附在大鱼身上。

▼ 鲫鱼吸附在鲨鱼身上

科学家从鲫鱼吸盘的原理中得到启发，发明了我们现在生活中经常用到的“吸力锚”。比如，好多家庭的厨房、浴室等都装有“吸力锚”挂钩，而且这种“吸力锚”在船只停泊、打捞沉船等方面也发挥了很重要的作用。

气步甲与威力导弹

甲虫虽小，但本领很大，特别是气步甲。气步甲只是35万多种甲虫中的一种，但是其威力却是惊人的大，竟然可以自己发射“炮弹”！遇到敌人袭击时，气步甲能从身体中喷射出恶臭的“高温液体炮弹”，以迷惑、恐吓敌害。对此，科学家非常不解，将其解剖后发现，这种甲虫的体内有三个小室，分别储有二元酚溶液、双氧水和生物酶。气步甲自卫时，其体内的二元酚溶液和双氧水便会流到第三个小室，与生物酶混合发生化学反应，瞬间就成为100摄氏度高温的毒液，并迅速射出！

科学家们将这一发现应用到了军事技术中。根据这种原理，美国军事专家研制出了先进的二元化学武器。这种武器内部中间有两个隔开的容器，里边能盛放两种或多种能够产生毒剂的化学物质。炮弹从二元化学武器中发射后，容器的隔膜便会破裂，两种毒剂在弹体飞行过程中迅速融合、反应，在击中目标时生成能够杀伤敌人的致命毒剂。

小贴士

第二次世界大战期间，德国纳粹党为了战争的需要，据此原理制造出了一种功率极大且性能安全可靠的新型发动机，安装在飞航式导弹上，使之飞行速度加快，安全稳定，命中率提高，英国伦敦在受其轰炸时损失惨重。

企鹅与极地越野车的发明有什么关系

大家都知道，下雪天路上会特别滑，车子必须带上防滑链才能上路，否则很容易发生交通事故。南极和北极是雪的世界，在茫茫的极地雪原上，到处都是积雪，汽车在极地行驶恐怕没那么容易！因为结冰的地面非常光滑，摩擦力很小，车轮在上面很难前进，只能在原地打转。而且极地的雪都是终年积雪，很厚很厚，汽车即使带上防滑链也不管用。但是，看似笨重的企鹅在紧急情况下的奔跑速度却能达到每小时 30 千米！企鹅还创造了动物界每小时滑行 48 千米的滑雪“世界纪录”！这是什么原因呢？原来企鹅在南极生活了近 2000 万年，早已适应了南极的生活环境，成为“滑雪健将”了。只要它扑倒在地，然后把肚子贴在雪的表面上，用双脚作为“滑雪杖”，便可以快速滑行起来。

▲ 企鹅滑行

受企鹅滑雪的启发，科研人员设计了一种“极地越野汽车”。和一般的越野车不一样的是，极地越野汽车宽阔的底部是紧紧贴在雪地上的，采用转动的“轮勺”扒雪前进，行驶速度可达每小时 50 千米。

小贴士

这种汽车既能在雪地上快速前进，也能平稳地行驶在泥泞地带。

箱鲀带给了人们什么启发

箱鲀是一种箱子吗？当然不是，箱鲀是生活在热带的一种其貌不扬的鱼类，那么这种鱼带给了人们什么启发呢？这要从一款概念车说起。

什么是概念车呢？我们日常生活中经常见到的和使用的、大批量生产的车是商品车。而概念车和商品车不同，它注重的是一种创意和构思。在设计概念车的时候，设计师可以摆脱生产制造水平的限制，尽情地发挥想象力，来展示自己设计的作品的独特

▼ 箱鲀

魅力。不过，概念车注重的是一种设计理念，也许永远都不会投入生产，因此，我们也可把它理解为“未来汽车”。

2005 年，戴姆勒·克莱斯勒汽车的设计师就设计出了一款新型的概念车，其造型模仿的就是热带箱鲀的外形，设计师将这款概念车命名为“仿生型车”。这款“仿生型车”成功减少了 20% 的燃油消耗，并且降低了 80% 的氮氧化合物的排放量，实现了人们多年来一直追求的节能减排的梦想。除了柴油可以作为这款车的动力，天然气或者生物柴油也可作为动力供“仿生型车”使用。

新型的概念车体现了人类对先进汽车的梦想与追求，随着时代的进步，概念车已经从高科技、强动力走向了低耗能、注重环保的方向，例如标榜零消耗、零污染的“叶子概念车”。

壁虎飞檐走壁的本领给了人类什么启发

大家是否很羡慕壁虎飞檐走壁的本领呢？其实，人们一直都惊诧于壁虎超强的吸附和脱附能力，壁虎可以在各种基底的表面上自由爬行，即使是在光滑的天花板上，也可以以每秒 1 米的速度迅速移动。也就是说，它能在毫无外力帮助的情况下实现真正的“飞檐走壁”！但是，只要壁虎的脚离开基底，黏力便立即消失。

这是为什么呢？原来，壁虎的脚趾上有好几百个被称为“皮

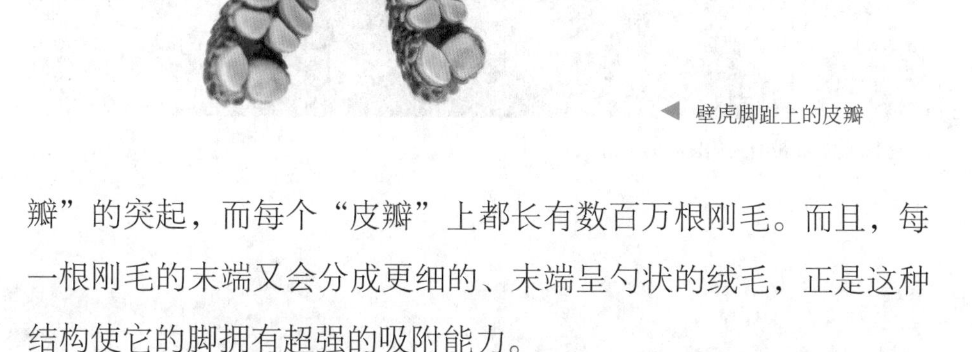

◀ 壁虎脚趾上的皮瓣

瓣”的突起，而每个“皮瓣”上都长有数百万根刚毛。而且，每一根刚毛的末端又会分成更细的、末端呈勺状的绒毛，正是这种结构使它的脚拥有超强的吸附能力。

根据壁虎脚趾超强的吸附和脱附能力的原理，人们制成了一种纳米生物材料，但是目前的纳米生物材料还远远达不到壁虎的天然吸附和脱附能力，因为这种材料的绒毛容易黏合在一起，大大降低了绒毛与基底的接触面积，这一纳米生物材料还有待于进一步的开发和研究。

小贴士

除了纳米生物材料，人们还根据此原理研制了各种胶带等。

▲ 骆驼的鼻孔带给人们发明的灵感

骆驼的鼻孔与“撒哈拉森林计划”

“撒哈拉森林计划”是指在撒哈拉沙漠上种植一片人工森林。但是，撒哈拉沙漠是“世界第二大荒漠”，它位于非洲北部，气候条件非常恶劣，整个地区几乎寸草不生。沙漠变森林——这个“疯狂”的计划真的能实现吗？

追本溯源，这个“疯狂”计划的灵感来源于骆驼的鼻孔。这是怎么回事呢？骆驼是沙漠的“王者”，它是为数不多的能够在条件恶劣的荒漠中生存下来的大型哺乳动物。而骆驼之所以能够在沙漠中生存下来，要归功于它的鼻子。骆驼呼吸时呼出湿气，而它的鼻子会马上将它们吸回，冷凝成水；不仅如此，骆驼的鼻孔还能把湿润空气中的水分吸入自己体内，这两项技能保证了骆驼体内正常的水合作用。这样骆驼就能在炎热的荒漠中活下来。

撒哈拉森林计划就是将这一原理应用的典型。按照计划，人们用地表水或用泵从沙地以下 200 米处抽上来的水浇灌树木等植物。但是我们知道，沙漠中白天温度很高，水分易被蒸发而无法使用，而这个计划的核心部分就是，将这两种水源冷凝，使之不被蒸发，从而保持一个适合植物生长的理想温度和湿度。

尽管听起来令人难以置信，但是目前人们已成功进行了相关试验，并在局部干旱地区执行落实，已经取得了不小的成绩。凭借人们非凡的智慧和创造力，相信在不久的将来，这个“疯狂”计划便会得以实现，从而造福非洲人民！

“大力士”蚂蚁给了人类什么样的启发

你曾见过这样的场景吗？一只很小的蚂蚁，却能搬得动比它本身重几倍甚至百倍的食物！人们一直都很惊讶于蚂蚁巨大的力量，因为我们普通人连比自己身体重量大三倍的物体都举不起来，这是为什么呢？

科学研究表明，蚂蚁的机体构造与人不同。在它腿部的肌肉里，有一个高效率的“原动机”，是用来提供身体所需能量的。尽管许多发动机都需要燃料的支持，但是蚂蚁的构造不同，它产生的是一种特殊的燃料，一种叫作“三磷酸腺苷”的物质。这种物质通过一个不需要经过“燃烧”的过程，使剩余能量直接转移到机体活动中。这样，便大大减少了能量的损失。于是，便有了蚂蚁是“大力士”的说法。

模仿蚂蚁的机体原理，人造肌肉发动机应运而生。它利用了某种复杂的酸性物质，在受力时，酸性物质的酸度会发生变化，即使只有一点儿，都会引起生物化学变化，使“肌肉”蛋白分子在瞬间聚集，产生巨大的能量。研究表明，1 厘米宽的人造肌肉，可提起大约 100 千克的重物。它的成功研制，将为残疾人的肢体构造、机器人、军事和海洋探测等领域带来巨大影响。

▼ “大力士”蚂蚁

野猪鼻子与防毒面具有什么关系

相信大家都从电视或图书上看到过野猪的鼻子，也看到过防毒面具。那么这两样东西之间有什么样的关系，大家知道吗？

这要从一段历史说起。第一次世界大战中，德国用毒气攻击英法联军使其伤亡严重。英法联军在后来收复被毒气袭击的失地的过程中，惊讶地发现，这个地方的人与动物几乎都遭到了毒害，但是野猪没有受到一点伤害。

这个现象引起了科学家的注意，经过一番研究和实验，科学家们发现野猪之所以没有受到毒气的侵害，原因是它的鼻子。原来，野猪有一个强有力的长鼻子，并且喜欢用鼻子拱松泥土，寻找地里植物的根茎及一些小动物。在此过程中，如果它们嗅到强烈的刺激气味时，便会将鼻子拱进泥土里来躲避。当德军施放毒气时，聪明的野猪将鼻子伸进土里，毒气已经被松软的土壤颗粒吸附和过滤了，因此野猪没被毒死。

英法两国科学家从中得到启发，很快设计制造出了全世界第一批防毒面具，它的外形是依据野猪鼻子的形状设计的，采用的是既能保持空气畅通，又能吸附有毒物质的一种特殊木炭。

这种防毒面具的工作原理就是活性炭吸收了有毒分子，起到过滤作用。现在的防毒面具还配备了滤毒罐，其内部结构分

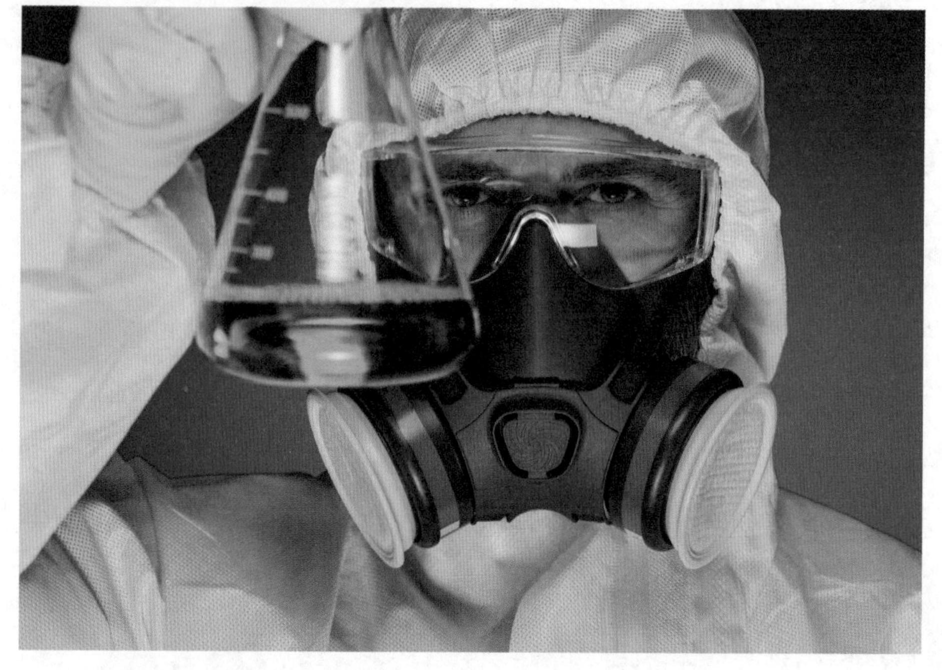
▲ 防毒面具

为防毒炭层和滤烟层，除了利用优质活性炭，还浸以铜、铬、银等金属的氧化物，这样就可通过物理吸附和化学吸附的方法，滤除毒气。

船桨是根据什么发明的

大家知道吗，早在一万多年以前的中国新石器时代，船桨已经与独木舟同时出现了。难怪都说中国是“舟”的故乡，也是桨的故乡。不过，当时的桨的握杆比较短，桨板又窄又长，与今天的桨差别很大。经过专家考证，那时的人们在划船时，一只手握着握杆，另一只手把着桨板，与今天人们的划桨方式有很大差别。我们的祖先是根据什么发明了船桨呢？原来，船桨是古人利用杠杆原理模拟鱼的胸鳍和腹鳍发明的，从而使船桨可以像鱼鳍一样，一下一下地前后划动，促使船体徐徐前进。

虽然是在一万多年前，但是那时候的船桨做工已经很精致，也很规整，而且还带有漂亮的雕花图案。到了秦汉两朝，制造船桨的技艺有了很大发展，不仅握杆变长、桨板缩短变薄，而且桨逐渐趋于大型化，用起来更加方便，更加有力。晋朝以后，桨在外形上已经基本定型，并且当时的船上已经出现了精密的控制桨划动的机器。

现在我们的生活已经很少用到船桨了。独木舟比赛用的船桨是经过精心设计的，用材、桨身比例等与古老的船桨有很大区别。

鲨鱼与抗菌性薄膜

大家都熟悉保鲜膜吧，保鲜膜不仅可以调节被保鲜品周围的水分含量和氧气含量，而且还可以阻挡空气中的灰尘，因此人们经常用它来保存新鲜的水果和肉类等，以延长保质期。但是看到“抗菌性薄膜”这个名字是不是觉得很陌生呢？其实抗菌性薄膜和保鲜膜都是物体的保护膜，外形也差不多，只是它们的功能不太一样，保鲜膜是为保鲜，抗菌性薄膜是为防止或抑制微生物的危害。那么抗菌性薄膜是如何发明的呢？它为什么能够抗菌呢？

抗菌性薄膜的发明主要归功于鲨鱼。大家都知道，鲨鱼的皮肤很粗糙，因此任何动物、细菌或水藻都难以依附在它身上。正是根据鲨鱼皮肤的这种粗糙性质，佛罗里达的一个公司研制出了抗菌性薄膜，这种薄膜上覆盖着数百万个微小的突起物，它们像钻石一样排列在一起，可以粘在容器表面，防止细菌生长。并且，由于抗菌性薄膜没有杀菌作用，也不用担心细菌对它产生抗性。

这种薄膜为什么能够抗菌呢？原来，抗菌性薄膜含有银沸石成分，而银沸石中的银离子具有抗菌性。抗菌性薄膜可分为抗菌性薄膜和抑菌性薄膜两种，其优点是安全性高，不会污染食品。

▼ 鲨鱼的皮肤很粗糙

基于抗菌性薄膜的以上优点，它已被广泛应用于生产生活中，比如，在医药用品、食品、电子产品、妇婴用品等软包产品的包装中。

猫“发明”了激光夜视仪

猫总是能在漆黑的夜晚清楚地观察到老鼠的位置并抓住它。这是为什么呢？奥妙就在于猫眼的特殊结构。猫眼睛里有能在白天和夜间发挥功能的两种不同的细胞组织，因此它们无论是在白天还是黑夜都能够清楚地观察外界，而且，猫眼能够根据光线强

▶ 微光夜视仪

弱进行自动调节。这就是为什么在阳光强烈的白天，猫一般会眯着眼睛，夜幕降临时却会瞪大眼睛的原因了。

科学家受到猫眼的启发，根据光电效应原理制造出了微光夜视仪。顾名思义，它就是在光线微弱的夜间使用的观察器具。它的神奇之处就在于，可以将夜间目标反射的低亮度的光，增强放大几十万倍。我们人眼在夜间看不清楚的东西，用微光夜视仪就可以看得一清二楚！原来，进入微光夜视仪的光会打在仪器的金属板上，进而形成电子，这些电子又会通过一个有数百万像素的薄板阵列，最后在显示屏上清晰成像。

微光夜视仪因其便于在暗光处操作，十分受军队、海关、探险、石油等夜间作业人员的青睐。

小贴士

虽然在调节光线强弱的灵活性上，夜视仪仍比不上猫眼。但是，这已经是个很伟大的发明了。

乌贼“发明”了烟幕弹

烟幕弹大家都不陌生，它绝对是战争中的“利器”！在第一次世界大战期间，聪明的英国海军就曾用飞机将烟幕弹投向自己

◀ 黄色烟幕弹

的军舰，烟幕弹放出的烟雾巧妙地隐藏了军舰，从而使英军躲开了敌军轰炸。烟幕弹制造烟雾的原理是什么呢？其实，烟幕弹制造烟雾主要靠它的发烟剂，发烟剂一般由黄磷、四氯化锡或三氧化硫等物质组成。当烟幕弹被发射到目标区域时，引信引爆炸药管里的炸药，弹壳体被炸开，将发烟剂的黄磷抛撒到空气中，黄磷一遇到空气，就会立刻自行燃烧，不断地生出滚滚浓烟来，就会构成一道道“烟墙”，挡住敌人的视线，给自己军队创造有利的战机。如此厉害的烟幕弹又是受到哪个自然界精灵的启发呢？原来是乌贼的特殊“武器”启发了人类！

乌贼又称墨鱼，属于软体动物，它的体内长有墨囊，里边储满了浓黑的墨汁。每当遭遇强敌无法脱身时，乌贼体内的压力就会急剧上升，然后喷出一股浓墨。海水立即被搅成一团漆黑，浓墨可保持十多分钟，乌贼就可以全身而退了。

超音速飞机的发明，受到哪种动物的启发

众所周知，飞机的发明是人类受到鸟类飞行的启发。而飞行速度超过音速的超音速飞机的出现，也曾让传统的客机面临挑战。不过由于超音速飞机极大的噪声和相对较小的民用价值，它已逐渐地退出了人类的日常生活。但是，它作为目前飞行速度最快的机器之一，仍被运用于军事活动中。这种飞机是如何被发明出来的呢？

人们在如何提升飞机的飞行速度方面做过大量研究，研究者发现，在飞机飞行过程中，当速度达到音速的 9/10 时，飞机旁边的气体经过挤压后会形成局部激波。可怕的是，这种情况往往会使机翼或机身受到损害，甚至导致人员伤亡。但如果想要提高速度、闯出激波，就需要更大的推动力的保证。那推动力从何而来呢？一种海洋生物启发了研究者。

在海洋世界中，有一种鱼——箭鱼，堪称游泳冠军。它游水的速度堪比高速轮船。完美的流线形身体和周身光滑的黏液，为它在游水时不断减小摩擦力。科学家们发现，当箭鱼的速度达到一定程度时，身体周围就会产生水涡旋，而箭鱼却依然能“劈波斩浪”。这究竟是为什么？经过不断的观察，科学家最终得出了答案——箭鱼头部上颌的坚硬部分才是真正的“利器”！

这样一来，人们对于飞机的加速问题便有了新的认识，可以

▲ 超音速飞机

在飞机机头部分安装一个长“针”以冲破音障。同时，超音速燃烧冲压发动机的使用，为飞机提供了更强动力。不同于以往，它是将迎面的气流吸入后，进入燃烧室燃烧。高温使得气体膨胀加速，由喷出口排出，形成推动力。通过以上两点，飞机可以达到更快的速度，实现“超音速”。

风暴预测仪是如何发明的

在回答这个问题之前，大家先来了解一下风暴预测仪。在海上航行的舰船的前甲板上一般都安有风暴预测仪，当仪器接收到风暴的次声波时，能让 360° 旋转的喇叭自行停止旋转，而停止旋转后的喇叭所指的方向，就是风暴前进的方向，并且指示器上会显示风暴的强度等数据。这种风暴预测仪能提前 15 小时对风暴做出预报，因此对航海和渔业的安全都有重要意义。那么，这个充满魔力的风暴预测仪是如何发明的呢？

原来，风暴测试仪的发明要归功于海蜇。海蜇，是一种古老的海洋腔肠动物，属于水母的一种。海蜇有一种高超的本领，就是它那非常灵敏的“听觉”。肆虐的风暴经常降临在广阔的海洋上，严重时危及海岸边的居民，总是让人们措手不及。其实，它是有预兆的。发生风暴的预兆是波浪和空气摩擦而产生的次声波，不过人耳无法听到。但海蜇很敏感，可以感知到。就是靠着这种本领，海蜇在风暴来临前十几个小时便可预知。所以在这个时间段内，生活在沿岸的海蜇会成批地向大海游去以避难。海蜇为什么这么厉害呢？原来，在它的 8 个触手上，长着大量的小球，小球腔内有很多沙粒般的刺激球壁的神经感受器——“听石”，因此海蜇的听觉非常了不起。

科学家们正是仿照海蜇“耳朵”的结构和功能，设计出了风暴预测仪。

宇航服与长颈鹿有什么关系

人类经过几个世纪的努力终于可以飞入太空，在宇宙失重的世界里实现自己的梦想。可是，在这个神奇的世界里，宇航员却

◀ 身穿宇航服的航天员

会因为太空的失重，无法将血液输送到下肢，导致生命危险，这个问题一直让科学家们很苦恼。后来，从长颈鹿的身上，科学家找到了解决这一问题的灵感。

大家都知道，长颈鹿的脖子很长，但它依旧能将血液通过长长的颈部输送到头部，这是为什么呢？原来，这是因为长颈鹿的血压很高，并且它血管周围的肌肉非常发达，能压缩血管，控制血流量；同时长颈鹿腿部及全身的皮肤和筋膜绷得很紧，利于下肢的血液向上回流。长颈鹿紧绷的皮肤竟然可以控制血管所产生的压力！科学家们从这一神奇的现象中得到启发，从而研制了飞行服——“抗荷服”。抗荷服上安有充气装置，随着飞船速度的加快，抗荷服内可以充入一定量的气体，从而对血管产生一定的压力，使宇航员的血压保持正常。同时，为了降低宇航员腿部的血压，科研人员把宇航员腹部以下的部位套进密封的、抽取空气的装置中，这样就有利于其身体上部的血液向下输送。

跳跃机的发明是受哪种生物的启发

越野车，顾名思义，就是为了越野而设计的车款。它一般是四轮驱动的，拥有较好的底盘和抓地性良好的轮胎，它的排气管、排量和结实的保险杠也大都具有优良性能。除了常见的四轮和八轮全驱动的车，还有六轮的越野汽车。这些车以载重量大和越野本领强著称，受到许多户外运动爱好者的青睐。

随着仿生学的发展，人们不断模仿自然界的动物，以改造交通工具的性能。在草原和沙漠地区，带轮的汽车前进困难，而袋鼠却能步履如飞。依靠后腿强大的跟腱、一双柔软的大脚和用来保持平衡的尾巴，袋鼠能像弹簧一样轻松地在田野跳跃。受袋鼠的启发，人们不断深入研究并进行改进，最终创造出了一种新型机器——跳跃机。

受技术发展水平的影响，跳跃机目前的市场并不广阔，国内更是偏少。相比越野车来说，跳跃机具有更好的攀爬能力。与越野车的轮式驱动不同的是，跳跃机没有车轮，这可以使它在任何高低不平的田野和沙漠地区畅通无阻地高速前进。

跳跃机目前被应用在地质探测、野外探险等活动中，因其强大的攀爬能力，有着广阔的发展前景。

森林火警传感器的设计灵感来自哪种昆虫

森林一旦发生火灾就很难控制，并且森林大火很难预测，世界上很多国家每年因为火灾而失去大片的森林。那么有没有可能研制出一种森林火警传感器来监测森林火灾，从而减少森林的损失呢？科学家就在一种甲虫身上得到了启发。

这是一种吉丁虫科的黑色雌性甲虫，它的腹部有一种特殊感应器官，对烟火高度敏感。它们会在森林着火后以最快的速度从几里之外奔向火场，抢占刚刚被火烧过的树木进行产卵。原因何在呢？经过研究，科学家们发现这种甲虫的腹部与腿部连接的地方有凹陷的器官，每一个凹陷的器官都有 60 ~ 70 个由一些小球体组成的“感觉器”，并且这些小球体还和感觉细胞相连。每当森林火灾发生的时候，小球体会吸收大火发出的红外线

◀ 吉丁虫

辐射，并受热膨胀，这样就能触动感觉细胞，甲虫就是这样感知火灾的。

科学家就从甲虫身上得到启发，努力研制出一种新型森林火警传感器。这种传感器是一个空心球体的形状，构成材料中就含有被研究甲虫的甲壳成分，因此能感应到火灾发生时发出的红外线，从而发出警报，提醒消防员去救灾。

防弹衣可以用蜘蛛丝做成吗

在大家的印象中，防弹衣坚不可摧，异常坚韧，子弹都打不透。而提及蜘蛛丝，我们则觉得它不过是几缕细丝，轻轻一拉就断了。那么，看似不起眼的蜘蛛丝可以做成坚不可摧的防弹衣

◀ 防弹衣

吗？答案是肯定的。经过对蜘蛛丝的深入研究，科学家们发现了蜘蛛丝的很多奥秘，他们认为蜘蛛丝完全可以用来制作防弹衣。原因何在呢？

原来，蜘蛛丝是由形态不规则的蛋白质和有序的纳米晶体构成的。首先，蜘蛛丝的延伸率是极好的，目前全球内普遍用于制作防弹衣的材料的延伸率最高只能达到 4%，一旦超过了这个限度便会断裂。而蜘蛛丝的延伸率却高达 14%。极强的弹性使蜘蛛丝对来自子弹的冲击能起到很好的缓冲作用，因此它是一种理想的防弹服装材料。另外，蜘蛛丝不易变脆。实验显示，现有的大部分聚合物在零下十几摄氏度的时候就会变脆，而蜘蛛丝在 −50℃ ~ −60℃的低温中才会变脆。因此，蜘蛛丝所制成的防弹衣即使在冰点以下的温度里，仍然会有良好的弹性。

蜘蛛丝做防弹衣的理论很完美，但是人们要从哪里获取蜘蛛丝呢？人工采集天然的蜘蛛丝显然不太可能，人工饲养蜘蛛又太难，所以以目前的科技水平，研制出一种与蜘蛛丝具有相似性能的人造丝，用来制作防护功能强的防弹服，是最好的选择。

声呐与反声呐系统的发明归功于谁

声呐系统，即利用水中声波对水下目标进行探测、定位和通信的电子设备，是水声学中应用最广泛、最重要的一种装置。它一般由发射机、换能器、接收机、显示器、定时器和控制器等部分组成。发射机制造电信号，并由换能器把电信号转换成声信号并传递到水中。声信号在水中传递时，如果遇到潜艇、水雷、鱼

◀ 船舶雷达系统的显示屏幕

群等目标，就会被反射回来，重新被换能器接收并且转换成电信号，经过放大处理后，在荧光屏上或者耳机中可变成声音。声呐系统能够凭借发出的信号在往返传播过程中所用的时间来判定与目标的距离，再根据其发出的声调的高低情况来判断这个目标的性质。这个过程与蝙蝠的活动极为相似。

蝙蝠是人们熟悉的夜间飞行动物，即使在黑夜之中，它们的听觉系统、抗干扰能力及分辨力仍然十分惊人，能够迅速捕捉到很小的飞行昆虫。实际上，它是依靠口腔中喉部的特殊构造发出很高频率的超声波对猎物进行回声定位的。它所发出的超声波在遇到飞行的猎物或障碍物时就会反射回来，利用这种特殊听觉系统来接收反射超声波信号，借以探测目标和确定飞行路线。其成功率之高，常使航天工程师们羡慕不已。于是，科学家们就利用蝙蝠的这种回声定位原理制成了声呐和雷达。

小贴士

夜蛾不怕蝙蝠的超声波。当蝙蝠距离夜蛾 30 米左右时，夜蛾便会感应到蝙蝠发出的超声波，然后开启足部关节上的振动器，发出奇怪的声音迷惑蝙蝠，使之在干扰中失去定位能力。夜蛾的绒毛可以吸收蝙蝠发出的超声波，这样一来，蝙蝠的判断就会有失误。夜蛾的这种能力被应用在了武器上，有些特殊的飞机可以不断吸收敌机发射过来的超声波，以干扰其设备，起到了“隐形飞机”的特殊作用。

麦秆和自行车有关系吗

见过小麦的人是否会有这样的疑问，一根根细长的、中空的小麦秆，怎么能够支撑住比它重几倍的麦穗呢？原来，这其中的奥妙恰恰就在于麦秆的管子上。材料受到外力时会发生变形，这时它的两边分别受到挤压力与拉伸力，但是它的中心线附近的长度却几乎不发生改变。换句话说，离中心线越远的位置受力越大。而像麦秆这种中空管子，它本身的重量基本上都集中在边壁上，离中心线很远，因此，重量相同的实心管子和空心管子相比，空心管子的刚度要比实心的大得多。即在重量相同的条件下，看似脆弱的空心结构的刚度要比实心结构的刚度大得多，能承受的外力也大得多。

但是麦秆和自行车有什么关系呢？要想知道这个问题的答案，大家必须首先了解一下自行车的发展历史。19 世纪初，世界上诞生了第一辆自行车。对于适应了发达、便利的交通工具的现代人来说，第一辆自行车的样子是不可思议的，车架和轮子都是木头做的，骑在上面，还要靠人的两条腿在地上蹬，车子才能向前滑行。人们在完善自行车结构的过程中意识到，车架是自行车的骨骼，必须轻盈并且有足够的刚度。就在这时，空心、轻盈且有足够承受力的麦秆给了人类灵感，于是现在我们使用的自行车的车架都是用很薄的空心管子做成的。

莲花之王是怎样与建筑“结缘”的

一看到这个标题，首先大家产生的疑问肯定是——莲花之王是什么？莲花之王就是硕大无比的王莲。普通莲花的叶子直径为0.6米～0.7米，但王莲叶子的直径竟然有2～3米，最长可达4米。并且王莲叶子的边缘是稍微向上卷的，远远望去，就像漂在水面上的一个大圆盘。王莲的叶子还有一个奇特之处，就是它的正面和背面的颜色是不一样的，向阳的正面是很光滑的淡绿色，背阳的背面是土红色。其实除了叶片大、叶片颜色很独特，王莲

▼ 王莲叶子背面呈放射状的叶脉

的承重能力更是令人震惊！把一个35千克重的孩子放在王莲叶子的中央，叶片还能像小船一样在水面漂浮着。更夸张的是，就算在它的叶面上均匀地铺上一层75千克（相当于一个成年男子的体重）的沙子，这片巨大的叶子也不会下沉！

那么，王莲的叶子为什么会有这么大的承受力呢？原来，这巨大的承重能力要归功于它纵横交错、粗细不等的叶脉，也正是因为这种结构，王莲才与建筑“结缘”。莲叶的背面分布有大量粗大的、呈放射状的叶脉，镰刀形状的横筋将放射状的叶脉紧密连接，从而形成了异常稳固的网状骨架，这就是莲叶具有较强承重能力的原因。

自19世纪欧洲人发现王莲后，建筑学家们便一直致力于这方面的研究，并成功地将莲叶的结构运用到建筑当中。人们熟悉的现代建筑中，很多都用到了王莲叶片的结构。比如很多体育馆大厅屋顶的网状结构，既牢固，又不使用大量的梁柱，这样就可容纳更多的观众，而且观众还可从不同的位置观看比赛。

鸡蛋壳能建造房子吗

鸡蛋壳能造房子吗？答案当然是不能。在日常生活中，鸡蛋壳是我们再熟悉不过的了，但我们对它的印象仅仅停留在——打完鸡蛋后随手扔掉的垃圾。这些垃圾怎么能建造房屋呢？不过，就是这小小的蛋壳垃圾却在建筑业为人类做出了很大的贡献。这

▲ 石拱桥

是怎么回事呢？

大家肯定都有过这样的体验，当我们用手握住鸡蛋，很不容易捏碎它。人们经过大量的鸡蛋受压实验证明，蛋壳凸面向上的构造可以承受很大的压力。其实远在古代，人们就发现了鸡蛋“蛋壳虽薄，但是耐压”的特性，常见的石拱桥构造就是我们的祖先根据蛋壳的这一特性设计的。

不仅如此，根据相同的原理，建筑师们又设计了很多具有时代特色的薄壳结构的建筑物。这种结构的建筑物坚固、抗压又节省材料，目前这种结构在工程上已经得到充分运用。北京火车站大厅的房顶就是这种类型的建筑结构，薄薄的屋顶以及大大的阔度，不仅美观，而且使整个大厅显得格外宽敞明亮。

小贴士

仿生学就是如此奇妙。人类从廉价的甚至被当成垃圾的东西中获取灵感，一经创新，这些看似没用的东西便成为美好生活的“源泉”。

悉尼歌剧院的设计灵感来自哪里

于 1973 年正式落成的悉尼歌剧院是 20 世纪最具特色的建筑之一，也是世界著名的表演艺术中心，它已成为澳大利亚的标志性建筑，并在 2007 年被联合国教科文组织评为世界文化遗产。悉尼歌剧院位于悉尼港美丽的贝尼朗岬角，它的周围还有著名的悉尼港湾大桥等建筑。“外形非常像船帆”通常是人们对悉尼歌剧院固有的印象。但是这个外形酷似船帆的伟大建筑最初的设计灵感既不是源于船帆，也不是来自于贝壳，那么它的设计灵感到底来自哪里呢？

悉尼歌剧院的设计者是约恩 · 乌松，当年，新南威尔士州征集悉尼歌剧院的设计方案，他不分昼夜地查资料设计，可是临近截稿日期他仍然毫无头绪。有一天，他一边思考方案，一边漫无目的地用小刀在橙子上划来划去，无意中切开了橙子。当他看到一瓣瓣被切开的橙子时，突然来了灵感，于是他就迅速设计好草图寄到新南威尔士州。

悉尼歌剧院是名副其实的“仿生学建筑”，除了最初从橙子上得到的灵感，其外形运用蛋壳式拱形的力学原理，使得它用料少，跨度大，坚固耐用。而贝尼朗餐厅、音乐厅、歌剧厅的顶部依次排开，看上去就像贝壳一样，高低错落的尖顶壳又像两艘巨型白色帆船，看上去轻盈而浪漫。

▼ 悉尼歌剧院

第七章

仿生发明造福人类

看了这么多或熟悉或不熟悉的重要发明，我们不难看出，它们都是来源于动植物本身拥有的特性。刚开始，人类只是无意识地去模仿一些自然界中的生物现象，但是随着社会的不断进步和人类对自然的不断探索，人们渐渐发现原来其他生物身上竟然有这么多本领可以用来学习借鉴，并意识到生物的这些特性会对人类社会产生巨大影响，于是就慢慢形成了仿生学这门学科。仿生学发展至今，科学家们已经开始有意识地在自然界中寻找那些可以为技术发展提供借鉴的生物原型，以期发明出更多有价值的东西，来造福于人类社会。

仿生学的影响无处不在，工业、农业、信息、军事等领域均可找到仿生学带来的发明。仿生学和生物、物理等学科关系非常密切。

仿生学是什么时候产生的

“仿生学”最早是在1960年由美国空军少校杰克·斯蒂尔提出的，他将仿生学描述为“从自然中学习进而应用在工程技术中的学科”，至此，“仿生学”作为一门独立的学科正式诞生。第一次“仿生学”会议是在美国俄亥俄州的空军基地召开的。

在对生物的模仿与创造中，人类逐渐有意识地向生物“取经”，从而为日常生活中碰到的很多问题寻找聪明的解决办法。特别是随着生产需要的增长和科学技术的发展，到20世纪50年代，人们已经开始学会自觉地从生物界来汲取各种技术思想。而且人们将其与化学、物理学等学科知识加以综合，并应用到生物系统中，这就促进了生物学的极大发展。之后，生物学家们和工程师们又积极地相互学习与合作，将生物界的知识和工程技术知识完美融合在一起，从而使生物学渗透到各行各业的技术革新领域，并且在航海、航空和自动控制等领域率先获得了成功。正是在这样的背景下，生物学和工程技术学科结合在一起，形成了仿生学，因此，仿生学是由“生物学”和“工程技术学”这两个概念构成的。

仿生学的目的在于，既要为人类提供最可靠和最灵活的接近生物系统的技术系统，又要为人类提供最高效和最经济的接近生物系统的技术系统，以高科技手段来造福人类。

古代有仿生现象吗

仿生学是在近代才作为一门专门的学科而兴起的，但是“仿生”这种现象是早已出现的，可追溯到古代。以下就以我国为例，给大家讲讲我国先民的“仿生”事例。

据秦汉时期史书记载，春秋战国时代，鲁国匠人鲁班在一次外出时被一种带齿的草叶划破了皮肤，他从这种奇特的草叶中得到启发，从而发明了锯子。而《杜阳杂编》则有这样的记载，大概是说唐朝有个韩志和，善于用木头雕刻白鹤、乌鸦等鸟类，并且雕刻出来的和真的没什么两样，他在雕刻出来的动物体内装上开关，开关一启动，这些雕刻出来的鸟就可以飞起来。此外，西汉时期，曾有人模仿鸟的飞行，用鸟的羽毛做成翅膀，从高台上“飞”下来。明代时，人们发明的一种火箭武器“神火飞鸦”，也反映了人们向鸟类借鉴的历史。以上的例子足以说明，中国古代劳动人民对自然界的生物进行了细致的观察和研究，这也是最早的仿生设计活动。

“见飞蓬转而知为车”，这句话的意思是“看到随风旋转的飞蓬草而发明轮子，做成装有轮子的车”，这是距今更久远的四千多年前，我们祖先的“仿生”创造。另外，我国古代劳动人民对鱼类的模仿也卓有成效。古人依照鱼类的外形制成了船，仿照鱼鳍制成船桨。

我国古代劳动人民早期的“仿生”设计活动，为我国光辉灿烂的古代文明创造了不朽的功绩。

仿生学的研究方法是什么

仿生学的任务就是研究生物的特性及原理并将其模式化，最后应用这些原理去设计和制造新的技术设备。而其主要研究方法则是提出研究模型，进行模拟。研究程序大致有以下三阶段。

第一阶段是研究生物原型。简单来说，就是根据所研究生物的实际情况，将研究所得的生物资料简化，针对技术要求，吸收有益材料，摒弃无益内容，从而得到一个生物模型。

第二阶段是分析生物模型的资料，运用数学语言将它“翻译”成具有一定意义的数学模型。

第三阶段是在数学模型的基础上构造可在实际技术中操作的实物模型。当然，在生物模拟的过程中更重要的是——在仿生中创新而不仅仅是简单的仿生，因此要为适应实际生产的需要不断重复地实践、认识、再实践。这就是一般成型发明不同于甚至拥有超过“原型生物”的能力的原因，比如飞机拥有鸟儿比不过的能力。

此外，整体性是仿生学研究方法的一个突出特点。由于在长期的进化过程中，生物已经达到了与周围环境保持整体与统一的能力，因此在仿生学具体的研究过程中，生物被看成一个能与内外环境进行联系和控制的复杂系统。所以只有着眼于被研究生物的整体性，才能获得满意的研究效果。

“仿生眼”能帮助盲人看到光明吗

“仿生眼”是人工制造的眼睛吗？确切地说，“仿生眼”技术以人的视觉特征为基础，利用科学手段能够帮助盲人重见光明。那么，这种高科技是如何帮助盲人看到光明的呢？仔细读完下边的文章你就知道答案了！

“仿生眼”分为外置型仿生眼和内置型仿生眼两种类型。外置型仿生眼设备主要是一副装有微型摄像机的眼镜和一个视频处理器。不过，在佩戴这种眼镜前，患者必须要进行眼部手术，医生要将一个电极板和极薄的电子信号接收器植入视网膜。这样，眼镜上的摄像机和视频处理器就可以通过无线的方式把捕捉到的图像传送给微型接收器。然后，这个接收器通过一条微型电线把数据传给视网膜上的一排电极。电极受到刺激时，视网膜上的特殊细胞就通过视神经把信息传给大脑，这样一来，大脑就收到亮点和黑点的图案。

澳大利亚设计、制造并试验了第一款内置型仿生眼。该装置有 24 个电极，它将耳朵后面的感受器与从眼睛后面延伸的电线相连接，在被植入视网膜附近的脉络膜空间后，利用电来刺激视网膜。当电脉冲经过这个装置，刺激视网膜。然后，这些脉冲传

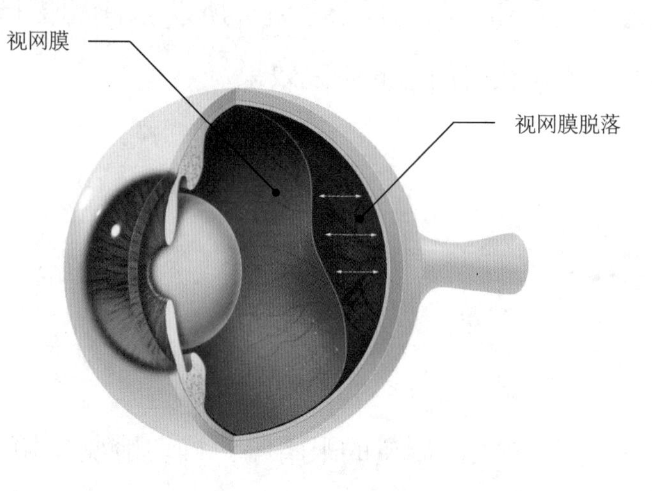

▲ 视网膜因病变脱落

回大脑，生成图像。

但是以目前的科技水平，不管是内置型还是外置型的仿生眼都只能让患者恢复部分的视力。比如，内置型仿生眼只能让患者区分光和黑色物体。要想达到让患者完全“重见光明”的目标，科学家们还有很长的路要走。

人类能制出“仿生手”和“仿生腿”吗

人们根据响尾蛇的红外视觉原理设计了红外探测器，通过研究龙虾眼睛的结构特点，研制出了“龙虾 ISS”天文望远镜……人类通过观察自然界的事物，凭借仿生技术制造出了很多新型仪器、设备。现实中有很多人遭遇意外而失去了手或腿，能不能制出“仿生手”和“仿生腿”，让他们重新像正常人一样生活呢？当然能！

其实，被截肢者的残肢肌肉并没有全部坏死，受大脑神经的支配还能产生肌电信号，能不能通过肌电信号让假手按照使用者的想法运动呢？1957 年苏联假肢中心科研所利用肌电信号研制出了世界上第一个实用肌电假手。这告诉人们——仿生手和腿是可能的，并且已经实现了！此后，仿生手不断得到改进。美国芝加哥康复学院在仿生手臂中增加了压力传感器，手臂能感受到压力，还能分辨冷热温度。瑞士研究人员将仿生手通过电极连接到使用者的神经系统，就能把仿生手的触感传导至大脑，恢复截肢者的触感。同时，仿生腿也有了发展，甚至出现了智能仿生腿，通过感应器采集信息、指挥行走，而且反应比我们的眼睛还要快。患者即使在遇到下楼梯、走斜坡等复杂路况，仿生腿也能和正常的腿一样平稳而自如。

仿生手和仿生腿是不是很神奇呢？不过，仿生手和仿生腿都还处于研发阶段，希望在不久的将来，它们能像真的手和腿一样，帮助残疾人士像正常人一样生活。

人工肺有什么作用

顾名思义，人工肺是人工制造的具有肺器官功能的医学仪器。我们知道，肺的主要功能就是吸入氧气，排出二氧化碳，从而进行气体交换。如果人体的肺器官不能正常工作来维持生命，人工肺就要代替肺器官行使气体交换的功能。人工肺有三种类型：膜式、气泡型、平面接触型。

大家熟悉的氧气机、呼吸机的作用是把外界的氧气注入人体的肺内，增加肺部的通气量，但是如果肺功能出现衰竭，不能继续工作，那么氧气机、呼吸机也都无能为力了，此时只有人工肺能挽救患者的生命。目前全球共有一万多名患者在使用人工肺。

▼ 正在工作的人工肺

例如，在2013年的4月，山东省的首例禽流感患者就进行了人工肺的植入手术。它的原理就是在病人的体外设置一个与氧气相连接的仪器，来代替患者的肺进行呼吸。人工肺可以帮助患者呼吸，从而减少患者肺部压力，并使得患者受到伤害的肺得到充分休息。如此一来，患者受到伤害的肺器官就可得到短时间的“休假”，慢慢恢复正常功能。

小贴士

最初的体外人工肺只能让肺“休息”几个钟头，而当下最先进的人工肺已经能让肺“休假”两个月。

人工血液和人体血液的功能完全一样吗

大家先来了解一下人体血液的构成。人体血液由血浆、红细胞、白细胞和血小板四部分构成，其中，红细胞也叫红血球，是血液中数量最多的一种血细胞，它负责把氧气运输到人身体的各部位，再把人体各部位的代谢产物二氧化碳运出去；白细胞是人体的免疫细胞，可以抵抗病菌；血小板具有止血功能；血浆的主要成分是水，主要功能是运送血液中的细胞。

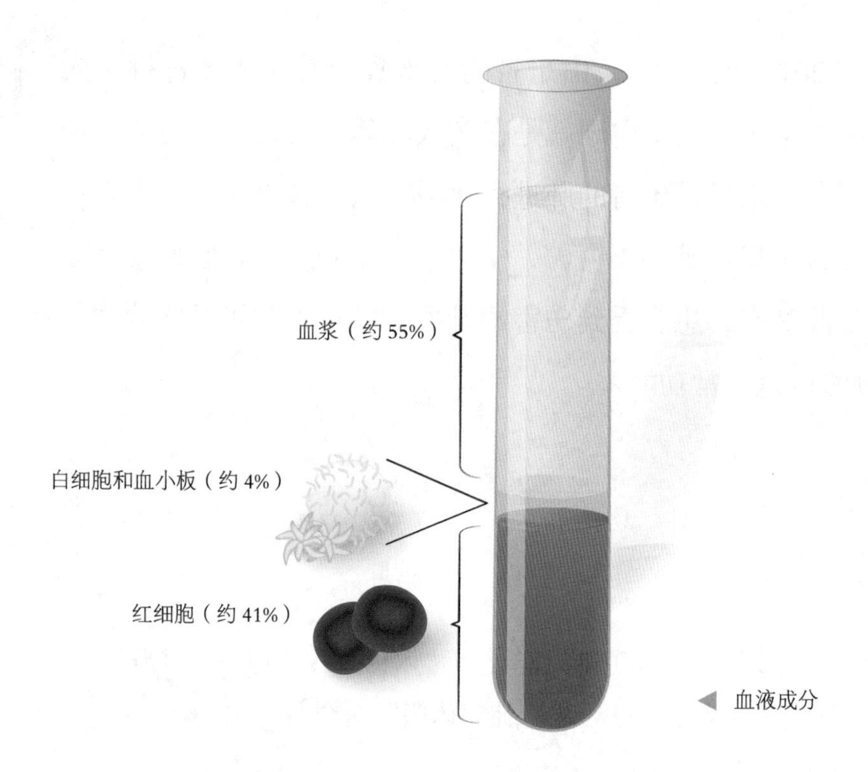

血液成分

而人工血液，是人们在维持血压不变的情况下，在具有搬运体内各种物质功能的白蛋白中放入血红素分子，制成白蛋白血红素。其种类主要有三种，一种是人工合成的血红蛋白，第二种是用天然血红蛋白制成的人工红细胞，第三种是人工合成具有携氧功能的氟碳化合物。根据动物实验的结果，氧气可以通过这种人工血液被输送到人体的各个组织器官。2010 年，澳大利亚一名 33 岁的妇女被医生利用人工血液成功救活，成为世界首例人工血液救活的患者。

但是，严格来说，人工血液只能取代人体血液携带氧气的功能，所以两者还有很大不同。与人体血液相比，人工合成血液有许多缺点，它不能输送养分，也没有凝固血液的能力和免疫功能。因此要研制出像人的血液一样的替代品，科学家还要继续努力。

人工心脏能代替人体心脏吗

人工心脏，指用生物机械手段部分或完全替代心脏的泵血机能，维持全身的血液循环。1957 年美国将一颗人工心脏植于人体，该心脏在人体内存活了一个半小时，这是世界性人工心脏研究的开端，此后，各种研究不断展开。1958 年，联邦德国、日本都设立了专门机构对其进行研究。在 1997 年，日本的研究机构以羊为实验对象，创下了一个世界最高纪录，依靠人工心脏存活 864 天！

人工心脏可以分为不同的种类，但总体上讲，都是在解剖学或生物学上代替因为某些重症而丧失心脏功能的人工脏器。它作为一种心脏移植术的替代器械，能够有效地治疗心衰。在工作过程中，它可以像水泵一样，以一定形式的人工脉冲电流刺激心脏。这样，便可以使心脏产生节律性的收缩，泵出的血液用以供应人体需要。

人工心脏的实施作为一项挑战性非常高的技术，是国家医疗科技水平提高的一个体现。产业化的人工心脏价格十分昂贵，每套需 10 万美元。但是，人工心脏只能模拟心脏的一部分生理功能，无法完全代替真正的心脏，人类经过亿万年的进化，身体机能和器官都是最适应环境的，要想制成像自然心脏那样精确的组织结构、完全模拟其功能的人工心脏是极不容易的，需要医学、生物物理学、工程学、电子学等多学科的综合应用及相当长时期的研究。

真的有人造皮肤吗

对于重度烧伤的患者来说，真皮移植是最有效的补救措施，但是这种方法也会让患者痛上加痛，因为医生需要从他们身体其他部位取下一块完好的皮肤，重新植入烧伤部位。这样一来，已

▼ 太阳能人造皮肤

经受伤的患者身上还要平添一处伤疤。那么，可以发明出人造皮肤，减少对患者的伤害吗？答案是肯定的。

“人造皮肤”是利用工程学和细胞生物学的原理和方法，在体外人工研制的皮肤代用品，用来修复、替代缺损的皮肤组织。这个概念或许有点难懂，下面就拿蚕丝人造皮肤来具体介绍人造皮肤的妙处。蚕丝人造皮肤取材自蚕丝，由从中提取出来的蛋白质制成，如丝绸般光滑平整。蚕丝人造皮肤乍一看像馄饨皮，却韧性十足，贴在创伤皮肤表面，半个月左右，创伤就会慢慢愈合。

人造皮肤在伤口处愈合得竟然这么快，难道人造皮肤真的没有缺陷吗？当然不是。人体完好的皮肤能够排汗、保护身体、感知外界的冷热压力等，但植皮后新长出的皮肤失去了排汗、降温等功能，只是把伤口愈合了，无法恢复到健康皮肤的功能，所以大面积植皮的患者到夏天会备受煎熬。

小贴士

为了减轻患者的痛苦，帮助患者恢复健康，植皮是非常必要的。但人造皮肤毕竟不是自然皮肤，不能完全代替健康皮肤。所以，在生活中大家一定要学会爱护自己的皮肤。

第八章

发明梦想照进现实——智能机器人

一提到机器人，很多人会马上联想到电影或者动画片里那些形形色色的机器人形象。它们有鼻子有眼睛，有些甚至和人类长得一样。但是如果我们进一步了解了不同类型的机器人，就会发现，机器人不一定都长得像人，它们功能各异，形态万千，非常有趣。机器人作为人类史上最重要的发明之一，其发展历史和技术水平近年来受到了广泛的关注，让我们一起走进机器人的世界，探索机器人的奥秘吧！

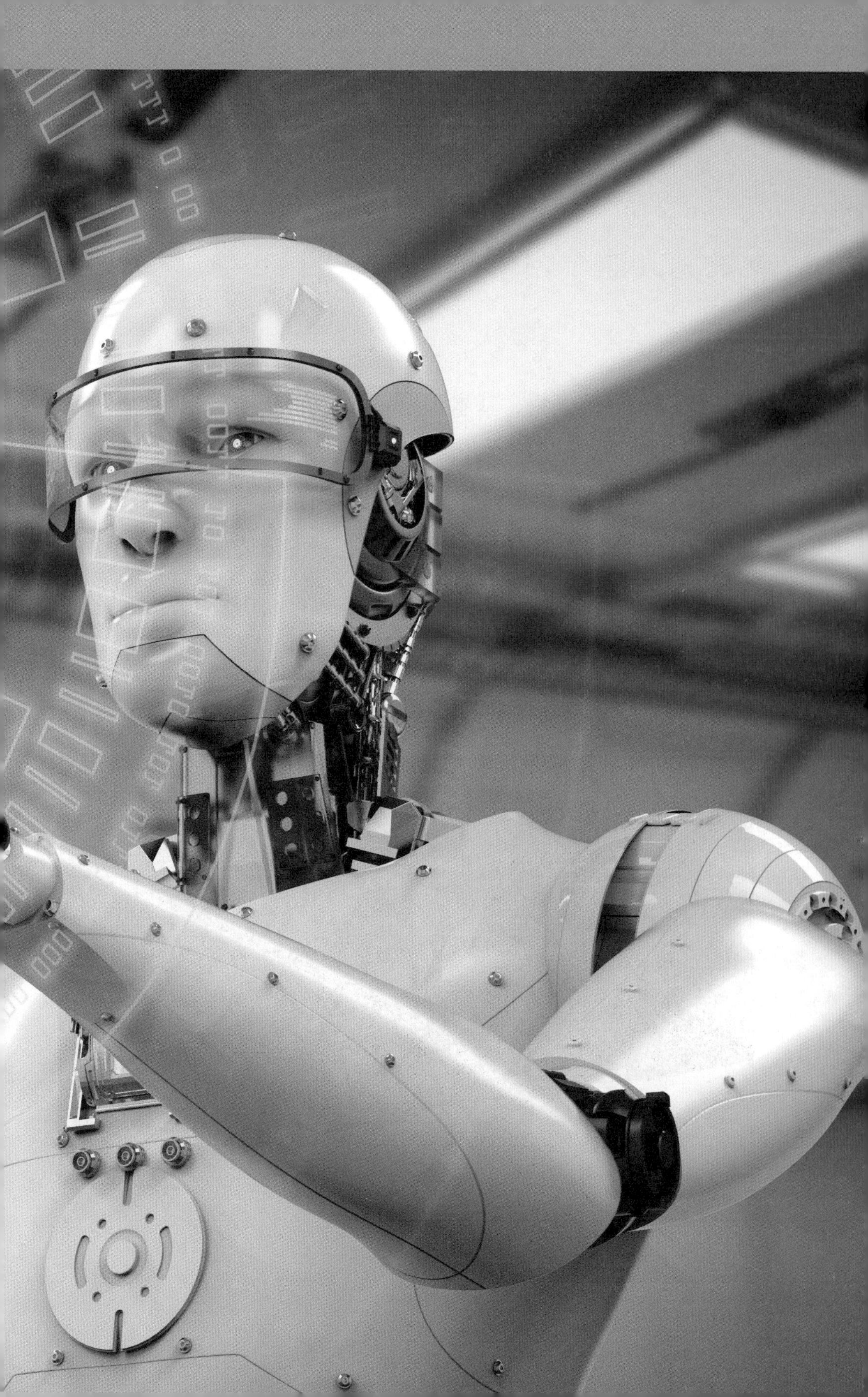

机器人这个名称是怎么来的

我们认识的事物，基本都有它们特定的名称，例如各种家具：床、桌子、椅子等；各种食物：北京烤鸭、东坡肉、西湖醋鱼等；就连宇宙中的各种天体，也都有固定的名称。名称是我们认识某个事物的首要条件。事物都是在被发现或被创造之后才拥有了自己的名称，未知事物无法命名。例如，宇宙中还没被发现

▼ “机器人”一词的创造者——卡雷尔 · 卡佩克

的星星，如果谁第一个发现了，就有为它命名的权利。

那么，“机器人”这个称呼是怎么来的呢？是谁为“机器人”命名的呢？

“机器人”一词最早出现在一部科幻剧本中。这部科幻剧的名字是《罗萨姆的万能机器人》，由捷克斯洛伐克的作家卡雷尔·卡佩克在 1920 年创作。“机器人”这个词在书中为“robot”，这个词是由捷克语“robota”演变而来的。“robota”的原意是奴隶，在剧本中，卡佩克将“机器人”设定为被强制劳动的奴隶，必须服从且服务于人类。这部科幻剧在当时获得了巨大的成功。然而，相对于这部戏剧的精彩和创意，令作家卡佩克留名青史的是他创造了“robot”这个词，而这个词一直被沿用至今。

机器人都可以看作机器吗

机器和机器人从概念上来说是不一样的，只在一定程度上有着相同点。机器也是由各种零部件组合而成的装置，而且组成部分和机器人大体相同，都有动力部分、控制部分、传动部分和执行部分等。机器通常是由各种金属和非金属部件组成的，只要消耗一定的能源就可以运转起来，进行工作。

在漫长的人类发展历程中，机器一直扮演着社会发展进程中的重要角色。古时候虽也有机器，但和现在我们所见到的机器有一定差别。古代中国就有使用机器的记录。例如古代的独轮车，

▲ 机器人

据说这是三国时诸葛亮发明的，是那个时代使用最广泛的交通工具，在中国交通运输史上是一个十分重要的发明。这种独轮车，虽说和我们现在的机器不太相同，但它确实是一种机器。因为它也由各种零部件组成，通过运行来进行能量转化，产生有用功，从而代替人类的步行。机器贯穿于人类历史的全过程中，但是真正意义上的“机器”并不是我们有记载的古时工具，而是在西方第一次工业革命时才被发明出来的“机器”。

机器与机器人的关系，不是完全的对等或者不对等关系，而是一种发展和延伸的关系。机器为机器人的发展提供了一定的物质基础，并且在人类社会的发展过程中逐渐与其他学科交融才使得机器人诞生。所以，我们要正确地认识机器与机器人的关系，只有这样，才能更好地理解机器人的发展历程。

生物机器人属于生物范畴吗

自然界是由各种各样的生物和非生物组成的。其中，具有生命的个体都可以被认为是生物，包括我们人类、种类繁多的动物和不计其数的植物，等等。生物拥有其重要的特征，那就是生物自身可以进行新陈代谢，以及通过繁殖可以进行遗传，使物种延续。我们判断自然界中的某一个事物是否为生物时，必须依照的条件就是生物的特征，只有满足生物的特征才可称其为生物。例如，人类可以通过新陈代谢与外界环境进行物质交换，并且通过繁殖来延续后代，所以人类是生存在自然界中的一种生物。

因为生物必须要有生命，所以机器人是不属于生物范畴的。可是有一种特殊的机器人，它们有一个统一的名字——生物机器人。通常，机器人都是由金属材料构成的。但是生物机器人却不是，它们是由有生命的材料构成的。那么，构成生物机器人的是哪些有生命的材料呢？那就是单细胞。

生物机器人就是科学家们所研制的由单细胞构成的机器人。它们是不是生物呢？我们来看一下它们是否符合生物的必要特征。生物机器人不会通过自身进行新陈代谢，并且不会繁殖，也不需要后代，是由人类创造出来的。所以，生物机器人并不属于生物。

机器人是像人一样的机器吗

机器人和人类除了称谓上有一个字相同，本质上一点都不同。人类是自然界孕育的生命，而机器人则是人类发明创造出来的一种机器装置。机器人可以通过运行预先编写好的程序或是以人工智能技术制订的“原则纲领”来接受人类指挥、自动执行动作。

让机器人为人类工作并不是一件简单的事。机器人技术融合了机械电子技术、计算机编程、材料学、仿生学和控制论等诸

▼ 协助人类工作的工厂机器人

多学科的知识，是对多门学科高级整合后的产物。就像人类在不同岗位有不同的任务一样，对于机器人来说，它们也有任务，主要是协助人类工作或取代人类在某些领域的工作。它们在许多方面都可以帮助人类，比如，机器人在制造业、建筑业、医学、农业，甚至在军事领域中都发挥着非常重要的作用。对人类而言，机器人是非常重要、非常得力的帮手。

对于机器人的标准定义，国际上也曾出现过诸多争议，目前被大多数人所认可的说法是：机器人就是一种依靠自身的动力和控制能力来实现各种功能的机器。

谁最先发明了机器人

我们铭记爱迪生，因为他发明了灯泡，给人类社会带来了光明；我们铭记牛顿，因为他最先发现了万有引力定律，这一自然科学史上最伟大的发现对科学发展起了极大的推动作用；我们铭记蔡伦，因为他发明的造纸术对记录和传承文化发挥了巨大作用。人类社会的发展进程中，出现了许许多多对人类意义重大的发明和发现，它们本身及其发明者都为后世所铭记。

那么是谁最先发明了机器人呢？目前中国、欧洲、美国和日本都各有说法，而为大多数人所认可的一种说法，是乔治·德沃尔最先发明了机器人，让我们一起来认识一下他吧！乔治·德沃尔是一位发明家，美国人。1954 年，乔治·德沃尔发明了世界上第一台可编程的机器人并为此申请了专利，他的这一发明具有里程碑式的意义，为后来机器人技术的发展奠定了坚实的基础。

小贴士

当时，德沃尔发明的机器人其实是一种机械臂，现今社会中，在各种工厂和工业的流水生产线上都可见不同种类的机械臂——德沃尔所发明的机械臂就是它们的雏形。

第一个机器人是什么时候诞生的

1954 年，乔治 · 德沃尔发明了第一台可编程的机器人。自此之后，机器人的发展日新月异。德沃尔发明的机械臂对后来机器人的发展产生了巨大影响，因为这种机械手臂能够按照预先设定好的程序重复工作，特别适合于工业生产中需要不断重复的流水线工作。

一次偶然的机会，德沃尔和美国发明家约瑟夫 · 英格伯格相遇了。约瑟夫 · 英格伯格也是一位热衷于研究机器人的专家，是世界上著名的机器人专家之一。天才与天才的相遇往往会激发

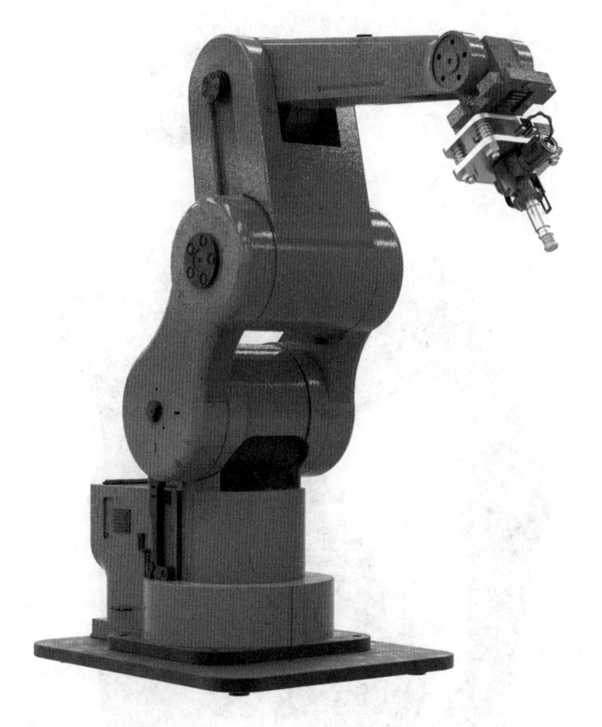

◀ 工业机器人

更大的“火花”。英格伯格极其欣赏德沃尔的能力并赞成他的想法，于是两人一拍即合。20 世纪 50 年代，计算机技术得到很大发展，并且工业也处于上升发展时期，德沃尔所设想制造的机械臂适合应用在工业上。随后两人共同创建了一家著名的公司，它就是 Unimation 公司。这家公司是世界上第一家制造机器人的公司。1959 年，世界上第一台工业机器人被制造出来。

约瑟夫 · 英格伯格与他所创建的 Unimation 公司对工业机器人的发展作出了杰出的贡献，使得机器人进入了一个蓬勃发展的时代，他本人也因此被称为“工业机器人之父”。

▲ 仿人机器人

最早的仿人机器人出现在什么时候

在机器人发展的早期，机器人外观和人类一点儿都不相似。早期的机器人多是以机械臂的形式出现的。英格伯格被称为“工业机器人之父”，而有一个人，被称为“仿人机器人之父”，他就是日本早稻田大学的教授加藤一郎。当时，日本拥有世界上首个仿人机器人研究组织，1973 年，这个组织以加藤一郎为首开始了对仿人机器人的研究。随后，加藤一郎解决了诸多难题，研制创造出第一个用双足行走的机器人，它的名字叫 WABOT-1。它不仅能够用双足行走，而且还会讲日文，有人工视觉和听觉。

为什么要研制仿人机器人呢？研制出像人一样的有表情、能用手脚完成动作的机器人一直是科学家们的梦想，但制造仿人机器人需要克服许多难题，只是让机器人能像人类一样自如行动就很不简单。目前，世界上有些国家和著名的机器人公司在研发仿人机器人上取得了突破性的成就，例如日本的本田公司——著名的 Asimo 机器人就是这家公司研发出来的。

仿人机器人因其外表与人类接近，所以更容易被人类接纳，拉近了人类与机器人的距离。在未来，仿人机器人会被广泛应用到服务、医疗等领域中。

机器人也有情绪吗

经过几十年的发展，机器人技术已经达到了一个很高的水平，但仍有许多问题等着科学家们去解决。在机器人未来的发展趋势中，智能化已经成为机器人产业的主要发展方向。人们希望机器人变得越来越像“人”，不仅仅是外表（已经出现外形很像

▼ 机器人在“交谈”

人的机器人了，但要完全和人类一样是不可能的），更希望机器人和人类一样有心理意识。目前已有智能机器人，但机器人真的会有情绪和意志吗？

在电影作品中，我们经常会看到一些有自己的情绪，甚至懂得爱情的机器人，这样的机器人现在还没被制造出来，而我们人类真的做好迎接这样的机器人到来的准备了吗？这样的机器人真的会被制造出来吗？有两点需要考虑：一、虽然机器人技术相比一开始的时候已经有了极大的发展，但仍有很多技术难关没有突破。机器人要想拥有情绪和意志，还需很长时间的研究和科学家们的不断努力。二、出于人类安全和伦理的考虑，没人能保证有感情的机器人不会产生负面情绪进而给人类社会带来威胁，并且人类的情感是人的心理中最为奇妙的部分，它最简单也最复杂，连我们人类自身尚且把握不了，更何况是机器人呢？所以，我们并没有做好准备迎接“有情绪”的机器人的到来。

什么是人工智能

要了解什么是人工智能，我们有必要先说说什么是“智能”。我们都知道，人类之所以能在地球诸多物种中占据统治地位，是因为人类有智慧。智慧使人类区别于地球上其他物种。人类懂得使用工具、创造与生产产品，并在满足生存需求的基础上继续发

▲ 人工智能——让机器人拥有智慧

展，这些都是智慧的体现。而在发展和进化的过程中，人类的意识和思维也在进步，人的智慧水平也在不断提高。

人类文明发展到今天，人们希望在可控的范围内让一些产品拥有智慧，为人类生产提供更多便利。因此，以计算机技术为平台的人工智能科技应运而生。人工智能是一门新兴的、具有挑战性的技术科学。“人工”，就是由人劳动生产；“智能”即智慧，主要包括人的意识与思维，但计算机的智能技术较人类的智慧而言，更加重视工作能力与生产效率。

人工智能就是一门研究并模拟人类的智能，使机器实现智能化的一门科学。简单地说，就是使机器有思想。即人通过研究自身的意识和思维，并试图将自身的意识和思维赋予生产出的产品，例如计算机，使产品拥有一定的智能，就可以使机器人或计算机等根据人类的需求去有效率地完成具有挑战性的任务，在人类的指导下造福于人类。

人工智能的主要研究领域是什么

人工智能的研究领域相当广泛，主要包括智能机器人、模式识别与智能系统、虚拟现实技术、智能计算与机器博弈，等等。

智能机器人有别于普通机器人。普通机器人拥有人类赋予的某些工作技术，可以帮助甚至代替人类完成一些工作。智能机器人能像人类一样拥有处理更多、更复杂工作的能力，能应对更多环境并做出反馈，有效率地处理更多的工作。

模式识别与智能系统由于优秀的鉴别能力被广泛应用于安全领域，其中面部识别、指纹识别、声控等智能化识别最广为人知。

通过虚拟现实技术，使用者能在电脑模拟构建的三维虚拟空间里获得关于视觉、听觉和触觉等感官的模拟，没有限制地观察

▲ 虚拟现实技术

三维空间内的事物。由于其高度模拟的特性，这项技术被广泛应用于医学和航天的数据与理论的验证。

智能计算与机器博弈是人工智能的重要应用，计算机会根据运算规则对大量的数据进行处理并执行操作。智能计算在科研领域有非常重要的地位。2016 年 3 月，阿尔法狗与世界围棋冠军、职业九段棋手李世石进行围棋人机大战，以 4 比 1 的总比分获胜；2017 年 5 月，阿尔法狗与排名世界第一的世界围棋冠军柯洁对战，以 3 比 0 的总比分获胜。围棋界公认阿尔法狗的水平已经超过人类职业围棋顶尖水平。

人工智能以其强大的实用性被广泛应用于科技与生活中，是人类社会不可或缺的一门科学。

人类从什么时候开始研究智能机器人

自20世纪60年代起，随着计算机技术和人工智能技术的不断发展，人们就已经开始研究智能机器人了。最初的机器人并不具有人工智能，仅能够根据命令重复执行操作，主要应用于汽车生产。1969年，由美国斯坦福研究所公布的最新机器人成为世界上第一台智能机器人。

到了20世纪80年代，随着人工智能技术的进步，机器人的使用范围不断扩大，被投入电子、机械装配和非生产行业等。行业的需求促使机器人的更新换代，最初由于科技发展的限制而没有视觉和触觉的机器人已经无法满足人们的需要，这时人们根据新的计算机技术和传感器技术研制出了新一代的机器人。新一代的机器人具有一定的识别和判断能力，是智能机器人的早期形态。到了90年代，机器人智能化不断提高，智能机器人的应用领域也不断扩大。由于90年代后机器人开始为中小企业服务，所以出现了体形较小的智能机器人，其中比较有代表性的是1991年日本生产的擦窗机器人和俄罗斯生产的可自由移动的机器人。20世纪末至今，机器人的智能化程度和用途更为广泛。智能机器人在被广泛应用于制造业的同时，还逐渐被应用于航天、原子能、深海勘探等行业，如美国用于登陆火星科考的“旅居者”探测器、美国“发现号”航天器携带的智能人形机器人，等等。

需要指出的是，虽然目前智能机器人技术不断完善，人类也已经研究出了具有初级学习能力的智能机器人，但要真正研究出电影中常见的超智能机器人，人类还有很长的路要走。

世界上第一台智能机器人是什么样的

世界上第一台智能机器人是 1969 年由美国斯坦福研究所研制的移动式机器人 Shakey——沙克，之后人们对它进行了多次改进。沙克是世界上首台采用了人工智能的机器人。从外形上看，沙克更像装着摄像机和主机的推车。沙克的头部的确是一台电视摄像机，沙克会通过这台摄像机记录周围的环境；沙克的身体是主机，里面包括大量的仪器和设备，存储着大量的信息和命令；沙克的下肢装有滑轮，便于移动。

沙克具备一定的人工智能，能够自主对外界进行感知，并对自身行为进行规划，执行任务。比如，工作人员命令沙克“将木箱推离平台”，沙克会先利用摄像机在房间里看来看去，寻找到平台上的木箱，然后选择走斜坡登上平台，最后成功地将木箱推离平台。事实上，沙克不仅装备了电视摄像机和处理器，还装备了三角法测距仪、碰撞传感器、驱动电动机以及编码器等诸多电子设备，由两台计算机通过无线通信系统进行控制。虽然沙克已经具备人工智能，但当时的人工智能仍处于初级阶段。当时计算机的体积十分庞大，但运算速度缓慢，导致沙克往往需要花费数小时的时间来分析环境并规划行动路径。之后，科学家在沙克的基础上生产的智能机器人的运算速度有了较大的提升。

智能机器人和普通机器人有什么区别

随着人工智能技术的进步，机器人也逐渐智能化。智能机器人与普通机器人的区别主要体现在三个方面：感知能力、运动能力和思考能力。

感知能力是指能对外界环境进行感受并反馈的能力。普通机器人对环境的感知能力较差，它们只能“感受”到极端环境；智能机器人则不同，在智能机器人的身体内部装有摄像头、听觉传输设备、传感器等仿人体机能的装置，这些装置能让智能机器人对外部环境进行了解并作出判断。

运动能力是指机器人具有的行动能力和执行力以及对外界变动做出相应动作的能力。普通机器人也具有行动能力，但是较为单一，比如电焊机器人只会做焊接的动作，移动机器人只能做出搬运的动作。而智能机器人则可以通过身体内部控制器的驱使做出不同的动作，灵活程度较高。

思考能力是指机器人会根据外界环境的变化而更改自身既定的程序，采取相应行动的能力。思考能力“衔接”了感知能力和运动能力，正如人类一样，先要了解外部情况，然后思考如何应对，最后做出行动。所以，有无思考能力是区分机器人是否智能的关键。普通机器人不存在思考能力，它们只是重复执行人类已经设置好的既定程序。智能机器人可以根据外部环境的不同修改既定程序，从而做出不同行动。高级的智能机器人还具有学习能力，思考能力更加强大。

小贴士

目前，沙克被珍藏于美国计算机历史博物馆。

智能机器人的发展会对人类的生存产生威胁吗

在很多科幻电影中，具有高级智能的机器人不再受人类的控制，试图推翻人类统治从而称霸地球。那么在现实中，这种情况是否真的会发生呢？事实上，目前并不能排除这种可能。如今的智能机器人已经广泛地应用于工业生产和特种行业，包括航天、军用、救援等。其中，外形酷似“终结者”的机器人战士“阿特拉斯”最受外界关注。“阿特拉斯”是由美国波士顿公司为美军研制的尖端人形智能机器人，身高 190 厘米，体重 150 千克，身体由头部、躯干和四肢组成，“双眼”是两个立体感应器，有两

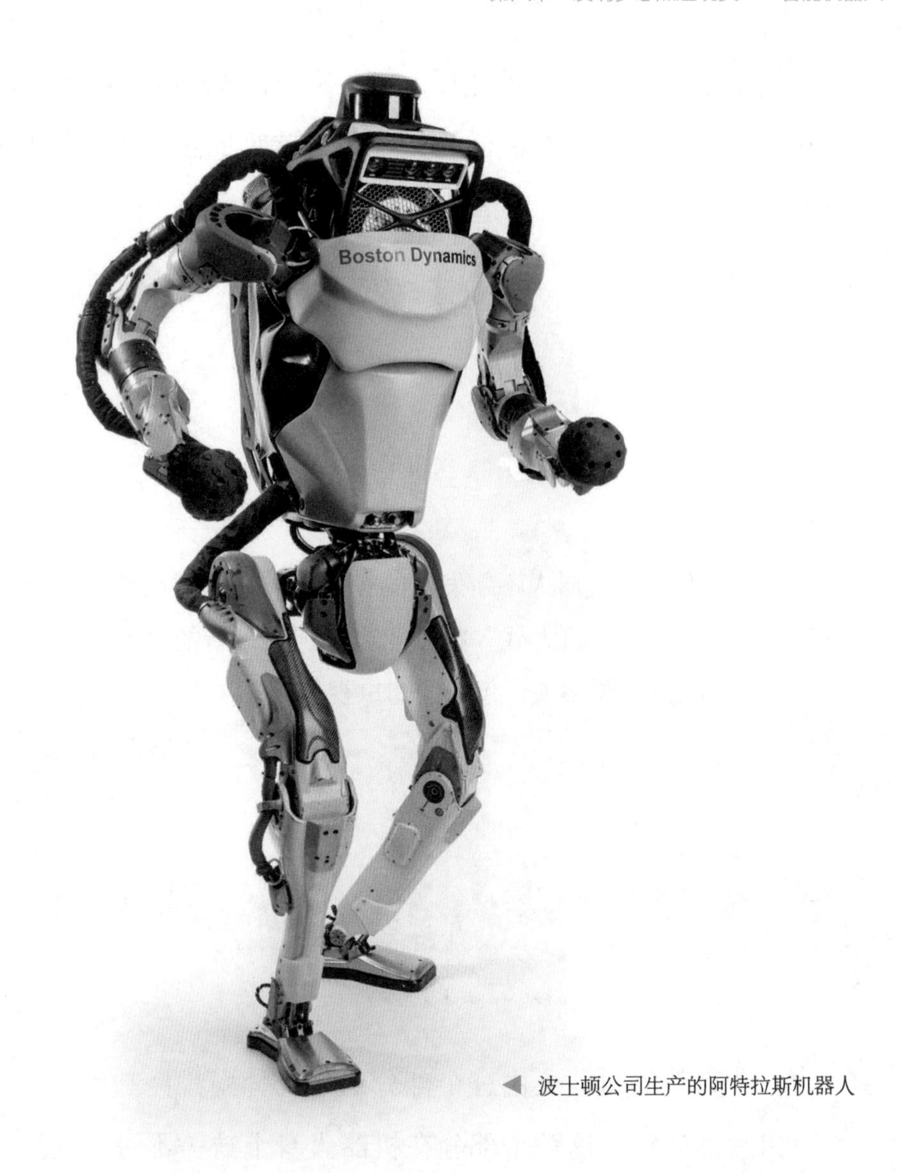

◀ 波士顿公司生产的阿特拉斯机器人

只灵巧的手，能在实时遥控的情况下穿越比较复杂的地形。据称，“阿特拉斯”将会被投入战争及军事救援。

近年来，以美国为首的大国每年用于研究智能机器人的投入都在增加。有数据显示，在 2004 年，美国地面机器人仅仅有 163 个，而到了 2007 年已经增加到 5000 多个。在对伊拉克和阿富汗的战争中，美国至少使用了 10 种不同的智能战争机器人。在 2008 年，曾有 3 台带有武器的“剑”式美军地面作战机器人被部署到伊拉克，但是这种“遥控机器人小队”未开一枪就被从战场撤回，因为它们做了一件可怕的事情——将枪口对着它们的人类指挥官。

小贴士

在智能机器人不断发展的今天，曾经只能在科幻电影中看到的“人机大战”将可能成为现实。智能机器人对人类的威胁问题必须引起人们的重视。

一个完整的机器人由哪些部分构成

一个完整的机器人由三个部分组成，分别是控制系统、传感系统和执行系统。这三个部分在机器人身上缺一不可，缺少了哪个部分都会对机器人的性能产生影响。

控制系统，顾名思义，就是控制机器人的主要部分。机器人在正常运转的状态下，控制系统就会根据已经设定好的程序或者由机器人传感器反馈的信号，通过控制执行系统来支配机器人的行动，使机器人发挥功能，完成任务。

传感系统可以说是机器人探索外部环境的工具，通过对外部

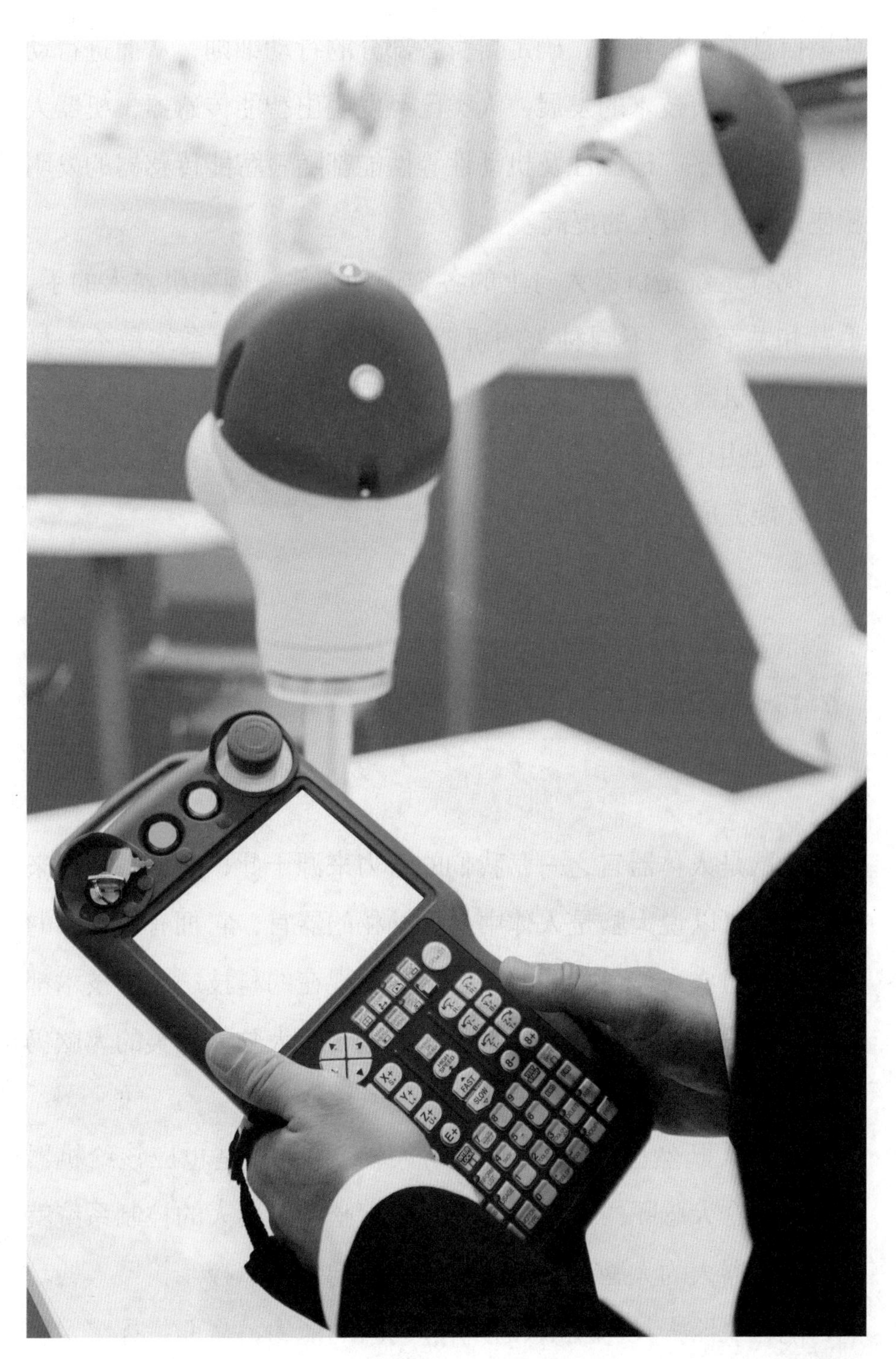

▲ 工人正在调控工业机器人执行系统

环境信息的分析判断，确定自身各部分的行动细则，从而进行动作。而且随着技术的发展，人类已经发明出智能传感器，机器人的智能化水平、适应性及机动性等性能都随着智能传感器的发明和使用得到了极大的提高。

执行系统是机器人身上的各个运动部件，例如机器人的手、手臂和关节等。不同种类的机器人所具有的执行系统是不一样的，工业机器人的执行系统由机身、机械臂和末端执行器组成。

正是由于这些部分的共同协作，机器人才会具有那么多的功能，才能完成人类交给它们的任务。

机器人也有“大脑”吗

大脑是人体器官之一，我们的智力来源于此，我们的意识来源于此，可以说大脑是人体中最为神秘的器官，它拥有最复杂的结构，是组成人体最重要的器官之一。现在的科技、医学技术都已经很发达了，但是人类还是没能完全了解大脑，人类的大脑仍有许多秘密等着科学家去探索。

机器人既然已有感觉器官和肢体，那是不是也应该给机器人制造一个大脑呢？其实机器人也有大脑，机器人的控制系统就相当于机器人的大脑。控制系统本身主要承担着控制机器人的功能，能让机器人具有规划、分析和判断的能力，从而指挥整个机器人的行动。

▲ 人工智能机器人的信息传递示意图

控制器有很多种类，根据控制原理的不同，可以将机器人的控制系统分为人工智能控制系统、程序控制系统和适应性控制系统。那么控制系统又是怎么工作的呢？主要有三个步骤：第一个步骤是输入，指输入信息供控制器判断，信息主要来源于传感器；第二个步骤是处理，处理器会基于已设置好的程序决定机器人要做的动作；第三个步骤是输出，即机器人所进行的动作，包括机器人的正常运转以及发出声音等。

控制系统作为机器人的大脑，可以为机器人实现学习、判别、分析、规划等功能，从而指挥机器人的运动和工作，让机器人发挥巨大作用。

▲ 机器人的“五脏六腑”

机器人也有“五脏六腑”吗

“五脏六腑”是指人体内的各个主要器官，“五脏”为心、肝、脾、肺、肾，“六腑”为胆、胃、大肠、小肠、膀胱、三焦。这些器官对人体都很重要，它们在人体中发挥着各自的功能，让人们能更好地生存。人类在制造机器人时，给予了机器人肢体、“大脑”，但机器人并不像人类一样有“五脏六腑”。

为什么人类在设计机器人时不给它们加上“五脏六腑”呢？因为这些器官对于人类来说是不可或缺的，但是对于机器人来说并不是。例如，人类有心脏，心脏是人类循环系统中的动力，使血液运行至身体各个部分，如果心脏不再跳动，那就意味着生命走到了尽头；可是机器人并不需要心脏，它们没有血液，不靠心脏提供动力，所以也不需要靠心脏的跳动来证明它们是“活”的。人类需要胃，因为胃可以帮助人类消化食物，获取人类生存所必需的能量；但是机器人不需要，因为机器人不用进食。

所以说，机器人并不靠“五脏六腑”这些我们人体所必需的器官来维持生命。机器人的内部是由各种各样的线路、电源和金属所构成的，它们都是组成机器人必不可少的东西。

机器人能感觉到疼痛吗

人类为什么能感觉到疼痛呢？是因为人类有触觉。人类的皮肤下有一种特有结构，叫神经末梢，这就是人类接收疼痛感觉的感受器。科学家们在研究机器人的触觉时，必须要对人的触觉系统有一定的了解，因为机器人的触觉系统要仿照人的触觉系统的某些功能。触觉也是我们人类的一个重要的感觉，除了视觉，人们对物体的直观感受也来自于触觉，我们可以凭借触觉去感知物体的外表是否平滑以及物体的大小、物体的软硬等信息。

机器人能够通过触觉感知物体的物理性质和物体表面所具有的特征，这对于机器人有重要的作用，能让机器人在特殊环境下仍然发挥功能。例如，在黑暗的环境中视觉不能够发挥作用时，机器人就可以凭借触觉去感知物体的形状和位置等。人类全身上下都有触觉，机器人并不需要和人类一样，因为机器人的触觉主要是用来感知机器人与外界是否有接触。例如，手上的触觉使机器人感受是否已经碰触到物体，脚上的触觉使机器人感受是否紧贴地面。这些其实还可以通过视觉来完成，但视觉系统有局限性，一方面是会有诸如黑暗环境等使视觉无法发挥作用的情况；另一方面是，给机器人制造视觉系统是相当昂贵的，所以机器人的触觉系统是机器人研究中的重要课题。

所以，机器人是有触觉的。但人类给机器人装上触觉传感器并不是为了让它们感觉疼痛或不适，而是让它们能更好地为人类服务。

▼ 机器人手上的触觉传感器可以控制机器人手的抓握

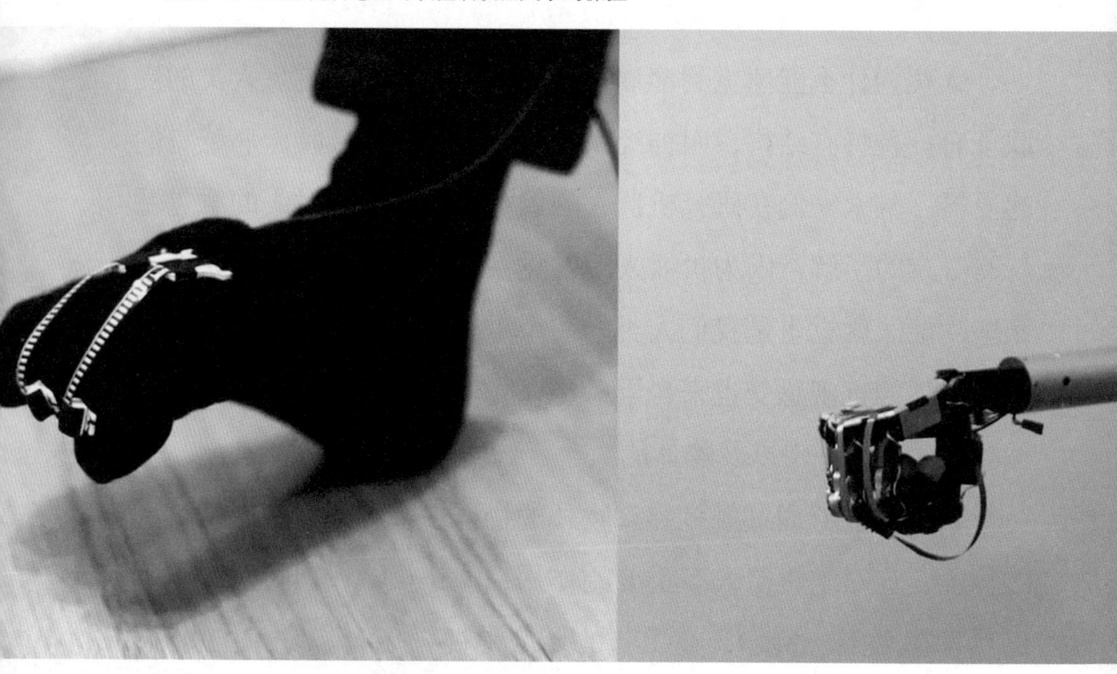

机器人的眼睛和人类的眼睛有什么不同

对于人类来说，眼睛是心灵之窗，我们能看到这美丽的世界，全靠这一双眼睛。我们对外界信息的获取，大多是靠视觉直接去获得的，所以视觉经常是我们的第一直观感受。机器人与人类一样也有眼睛，机器人的眼睛也称为机器人视觉。

人类的视觉系统是由眼球和神经系统等部分组成的，但是机器人的视觉系统却不是。机器人视觉是机器人系统的组成部分，是指利用计算机实现对现实世界的识别，可以使机器人具有视觉感知功能，这对机器人来说相当重要。机器人视觉主要由图像采集系统、处理系统以及信息分析处理系统组成。那么机器人的视觉系统又是怎么发挥功能的呢？首先，机器人要靠视觉传感器来获取、采集环境的信息，将三维世界投影为二维图像。然后机器人就能对获取的信息通过视觉处理器进行分析，二维图像在分析处理的基础上可以将三维世界重建出来，从而作出正确的判断，包括物体所在位置等。

机器人的视觉与人类的视觉相比还有许多不同。例如，人类的视觉适应性要高于机器人的，人可以在更为复杂和容易变化的情况下识别目标。机器人的眼睛不需要休息，而人类不宜长时间用眼，必须加以爱护，避免疲劳用眼。

第九章

发明界的逸闻趣事

悠久的文明承载着数不尽的玄机奥秘，浩瀚的历史镌刻着说不尽的逸闻趣事，社会因发明而精彩，科技也因发明而进步。无数的天才因发明被历史铭记，无数的发明也通过天才被社会所认知。探探这些发明与发现的因，寻寻这些发明与发现的果，我们既在故事中铭记与怀念，也在故事中反思与学习。用逸闻来诉说，用趣事来纪念，诉说那个年代、纪念那些人物……让我们一起分享那些关于发明的逸闻趣事。通过这些故事，来了解那些发明家们背后的付出。

“力学之父”阿基米德是怎样发现杠杆原理的

很久以前，人类就懂得使用杠杆了：埃及金字塔的建造，就是奴隶利用杠杆原理把几吨重的石块运到高处；码头上的货物，也是搬运工通过在船上架杠杆的办法来卸载的；人们从井里取水所用的汲水吊杆，也是利用杠杆原理。

在阿基米德发现杠杆原理以前，没有人能解释这些现象，甚至有些哲学家在谈到这个问题时，还一口咬定说这是因为“魔性”。可阿基米德却不这么认为，他坚持认为自然界里的种种现象，应该可以用科学的原因来解释，杠杆作用也自然有它的原

◀《天工开物》版画中对杠杆的使用

因。自此以后，他就不断地思索，直到有一天，他偶然看见一名瘦小的奴隶用短棍子撬不动一块很大的石头，但是换了长棍子后就撬动了，他顿时受到了启发。在反复试验和观察后，阿基米德终于发现了杠杆的平衡原理：杠杆的长度和人的作用力成反比。比如，同一块石头，如果用短木棍去撬，那么人就要用大一些的力气；而用长木棍去撬，则可用小一点的力气。阿基米德对自己的发现充满自信，他甚至说过这样的豪言壮语："给我一个支点，我可以撬动地球！"

小贴士

阿基米德还在洗澡的时候发现了浮力定律，这也是一个非常有意思的故事。阿基米德的发现主要源于他平时的细心观察和勤学多思，这也是我们应该向他学习的。

富兰克林是怎样向天"借电"的

古时人类曾把雷电比喻为发怒的天神，每当闪电划破天际，炸雷响彻天空，人们都会心惊胆战。但是现在，人们再也不用害怕那巨大的破坏力了，这都要归功于富兰克林发明的避雷针。

1752 年 6 月的一个午后，天空乌云密布，狂风呼啸，富兰

▲ 闪电袭击了大厦顶部的避雷针

克林在家中的院子里摆弄着“瓶瓶罐罐”，他要向天“借电”。忽然，一片浓云如波浪般席卷而来，富兰克林举着一个用丝绸和铁丝制成的大风筝迎着狂风向野外奔去。富兰克林在一块广阔的草地上停下，把风筝放向天空中，一道闪电横劈而来，他快速跑进一间牧人用过的旧房子里。闪电一道接一道，富兰克林心想：“不知道云海中的‘天火’肯不肯乘着我的这个风筝来人间做客呢？”等富兰克林回过神向外看时，他发现风筝的麻绳上的纤维丝居然一根根都立起来了。他用一只手伸向绑在麻绳上的铜钥匙，突然他像被谁推了一把一样倒在了地上，但他既顾不得疼，也不害怕，而是开心地大叫：“它来了，它来了！”他一骨碌爬起来，把带来的“莱顿瓶”接在钥匙上，把电保存在了里面。后来富兰克林根据这次试验，在房顶上竖起铁棒，下面接上铜线，一直延伸到土地里，把雷电引入地下，使它不再伤害人类，这便是世界上第一根避雷针。

瓦特发明蒸汽机的灵感来自哪里

第一次科技革命的推动力是蒸汽机的发明。蒸汽机的发明者瓦特的灵感又是来自哪里呢？

瓦特出生于英国的格里诺克小镇，在这个小镇上，当时的人们都是生火烧水做饭的，对于这种司空见惯的事情没有人留心过，但瓦特却从中发现了不寻常。他经常在厨房看祖母做饭，每

▲ 正在喷水蒸气的水壶

当开水沸腾时，壶盖就一跳一跳地“啪、啪、啪”响个不停。瓦特看到后，觉得非常奇怪，思考了半天也没有想明白。后来他就问祖母：“是什么使壶盖跳动呢？”祖母回答：“水开了，就会这样。”没有从祖母那里得到答案的瓦特并没有放弃，他蹲在火炉旁细心地观察。起初，壶盖一动不动，慢慢地，当水快开时发出了“噗噗”的声响，突然，壶里的水蒸气冒了出来，壶盖也跟着跳动起来。瓦特高兴极了，他把壶盖揭开又盖上，盖上又揭开，又把杯子、勺子都在水蒸气喷出的地方试了试，最后终于弄清楚了：是水蒸气推动壶盖跳动的。自此，发明的种子就在瓦特幼小的心灵里悄悄地萌发。当瓦特被录取为格拉斯哥的教具制造员后，他就立刻开始了对蒸汽机的研究。经过多次试验，瓦特终于造出了“分离凝结器”并制成了一台新型的蒸汽机。这种新型的蒸汽机与以往的蒸汽机相比，能节省3/4的煤炭，而且动力非常好，瓦特因而取得了新型蒸汽机的专利权。

法拉第是怎么发明发电机的

1822年，迈克尔·法拉第在自己的日记里写下了“转磁为电”，把它作为自己终生的奋斗目标而一直为之不懈地努力着。1831年10月17日，法拉第终于如愿，制造了世界上第一台电磁感应发电机。回顾这段发明历程我们会发现，发电机的发明真是不容易。

刚开始时，法拉第只是认识到电是非常有用的东西，伏特发明的电池虽然可以提供稳定的电流，但是造价却很高，当时法拉第就想：如果要想大量地使用电，就一定得找到更廉价的方法来产生电流才可以。本着这个想法，法拉第开始了各种尝试。后来他意识到：如果电可以生磁，那反过来磁可不可以生电呢？于是法拉第总是在衣服口袋里装着铜线和磁块，经常拿出来摆弄。在法拉第进行“磁生电”研究的时候，有很多工厂主和商人请法拉第解决化学制造方面的问题，并承诺给他丰厚的报酬。法拉第考虑，这样一来肯定会消耗很多时间和精力，影响自己的研究，于是他拒绝了工厂主和商人的请求，专心地进行“磁生电”的研究。功夫不负有心人，最终，法拉第不仅实现了转磁为电，还制造了世界上第一台电磁感应发电机。

小贴士

通过法拉第的故事，我们不仅了解了很多有关发电机的知识，也认识到：要想在某一方面取得成功，就要学会舍弃一些相对不重要的东西。

▼ 电磁感应发电机

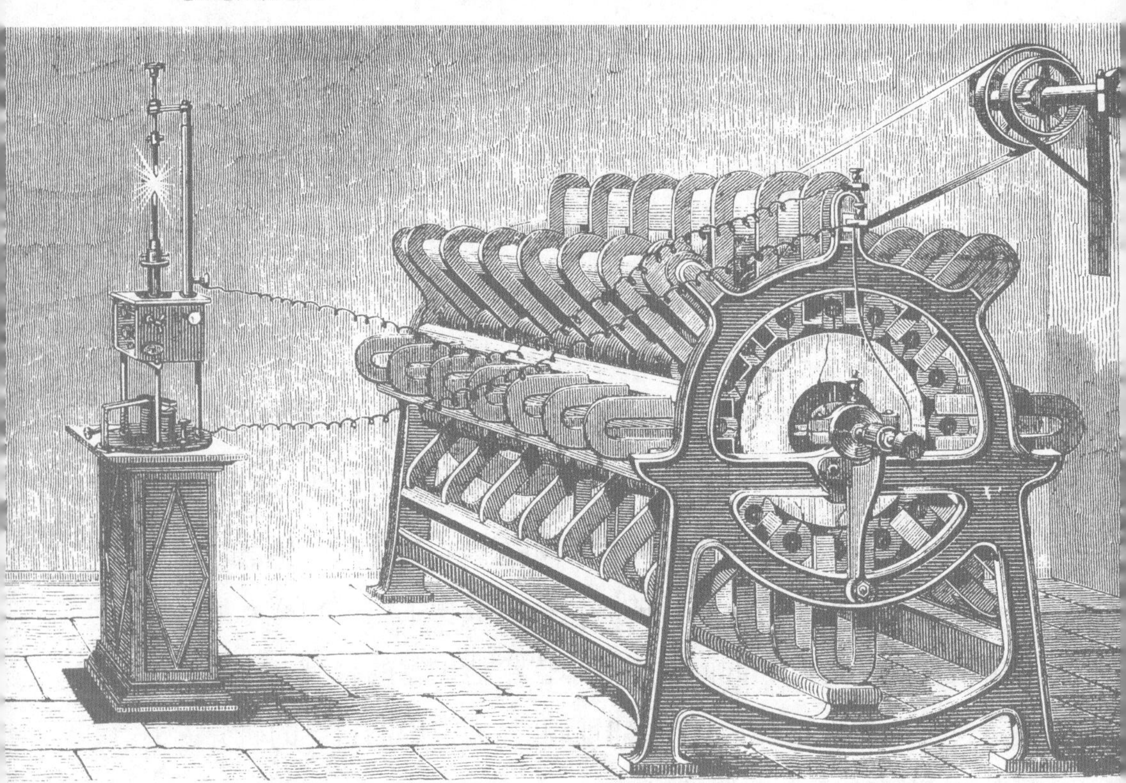

达尔文是怎么提出“进化论”思想的

在欧洲神学占领人类思想领域的年代，有一个人却在思考着这样的问题：自然界的生物过去是什么样的？不同种类的生物之间是否有什么关系？

1831 年 12 月，英国政府组织了“贝格尔号”勘测船的环球考察。达尔文自费搭船，开始了环球考察活动。每到一处，达尔文都会进行非常细致的考察，通过与当地居民交流、采集矿物和动植物标本等，他发现了许多没有记载的新物种。“贝格尔号”的行程很长，达尔文也由此考察了很多地区，如大西洋中的圣地亚哥岛等。在不断的寻访考察过程中，达尔文认识到：物种不是一成不变的，而是随着客观条件的不同而进行变异。1836 年 10 月，船回到英国，在历时近五年的环球考察中，达尔文观察和搜集了大量动物、植物和地质方面的资料。他一面整理这些资料，一面深入实践，同时查阅大量书籍，经过归纳整理和综合分析，最终得出了生物进化的概念。

1859 年 11 月，达尔文经过 20 多年的研究而写成的《物种起源》终于出版了。在书中，达尔文利用大量的生物分类学、胚胎学、地质学以及考古学方面的证据，清晰而坚定地提出了“进化论”的思想。达尔文的“进化论”一经提出，就引起了巨大轰动，它不仅推翻了长期以来统治生物学领域的“神创论”和“物

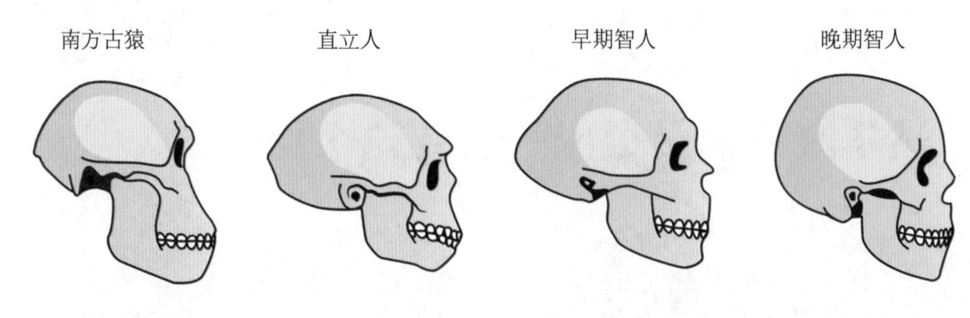

▲ 人类头骨的进化过程

种不变论”，还把生物科学的各个领域统一了起来，成为19世纪自然科学发展的重要里程碑。

让人又爱又恨的塑料是谁发明的

塑料在当今社会中的广泛使用是大家有目共睹的，它既给人们带来了许多好处，也给人们带来了许多问题，这令人又爱又恨的塑料到底是谁发明的呢？

最初的塑料是由一个叫亚历山大·帕克斯的摄影师发明的，他在试着把“胶棉”与“樟脑”混合时，突然产生了一种可弯曲的硬质材料，这就是最早的塑料。帕克斯给它起名“帕克辛”，并用它制造了许多东西，如梳子、笔、纽扣和饰品等。但是这位缺乏商业头脑的摄影师却没有从中获利。塑料成为广受公众关注的焦点与一项运动有关，这项运动就是台球。以前的台球是用

▲ 塑料最初是因为台球而备受关注的

象牙做的，但是象牙不易获得，制造台球的公司常常因为缺乏原料而停产。于是某台球制造公司就公开征集制作台球的最佳材料。终于在1869年，印刷工海厄特利改进了“帕克辛”，造出了一种新材料，并命名为“赛璐珞”，用它制造的台球符合所有的要求。

“赛璐珞”就是现在所说的塑料。但由于“赛璐珞”易燃，因此其制成品的应用范围相当有限。1909年，美国的贝克兰制出了耐高温的贝克兰塑料，塑料的应用也随之变得广泛。然而这有利也有弊，塑料不易腐烂的特性给环保带来了新的问题——它真是一项让人又爱又恨的发明啊！

▲ 发明家爱迪生

爱迪生发明电灯经历了怎样的困难

繁华都市里，即使到了晚上也是灯火通明、热闹万分。恐怕我们现在已经没法想象在电灯发明之前，人类是怎样生活的了。现在让我们回顾电灯的发明史，看看爱迪生是经过怎样不懈的努力，最终为我们带来了光明的。

其实在有了煤油灯之后，人们的夜间活动时间就延长了。但是煤油灯需要燃烧煤油或煤气，照明的同时会产生黑烟和刺鼻的臭味，而且要人工添加燃料，十分不方便。再后来虽然出现了弧光灯，可是依然有很大的缺陷——要不断换木炭、声音大、效果差、易伤眼睛、污染空气等，并且一根电线只能连接一盏弧光灯。所以，爱迪生就产生了发明白炽灯的想法。

要实现这个想法，至关重要的一个环节就是找到能做灯丝的合适材料，这种材料要满足许多苛刻的条件，极难寻得。人们都劝爱迪生放弃，并笑话他是傻子，断言他绝不可能成功。但是爱迪生始终充满信心，他每天工作十八九个小时，历经三年，前后试了 1600 多种不同的材料，写下 200 多本（共计 4 万多页）试验笔记，终于找到了做灯丝的材料——碳丝。

但爱迪生的研究并没有就此停止，他希望能找到更合适的材料。功夫不负有心人，他最终找到了耐高温的材料——钨丝，并在 1908 年发明了钨丝电灯，带领人们走进了“光明时代”。为了纪念爱迪生的这项伟大发明，美国曾在 1979 年耗费巨资举行了长达一年的百年纪念活动。

拉锁是怎样被发明出来的

拉锁在我们的日常生活中应用十分广泛，小到服装、饰品、大到航天、军工，操作方便的拉锁深受人们的喜爱。如此方便实用的拉锁是怎样被发明出来的呢？

历史上的许多发明都源于“懒人的智慧”，拉锁也不例外。19 世纪中期长筒靴十分流行，但当时人们要穿这种靴子，需要系 20 多个铁钩式的纽扣，穿脱非常不方便，于是人们开始思索解决的方法。1893 年，一位名叫贾德森的美国工程师发明了最早的拉锁，并为它申请了专利。但这种早期的拉锁存在一些问题，如特别容易松开等，给它的使用者带来了不便。鉴于这些问题，这一时期的拉锁没有得到大范围的生产和使用。

之后，一位叫森贝克的美国工程师对拉锁进行了一些改良。当时正处在第一次世界大战时期，美国经济十分不景气，森贝克所在的公司负债累累，为了给公司的拉锁生产拉来赞助而四处奔波。然而就在事业刚刚有转机的时候，森贝克心爱的妻子难产而死。森贝克十分悲痛，却没有被这场劫难打倒，更加专注于拉锁的改良工作。1913 年，森贝克终于实现了拉锁的技术新突破，发明了具有现代齿状嵌合特点的新拉锁。

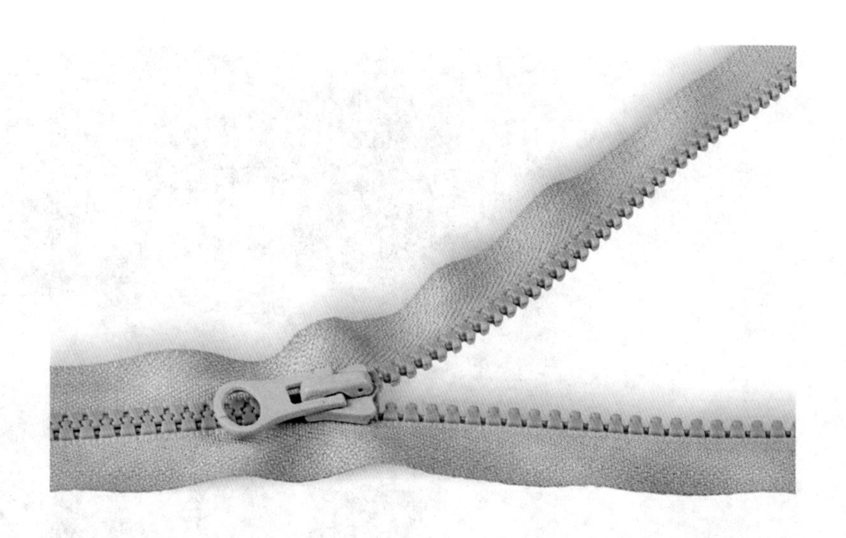

▲ 20 世纪最伟大的发明之一——拉锁

安藤百福是怎么发明方便面的

美味、方便、便宜……方便面一经问世就受到了人们的好评，现在更是风靡全球，成为人们生活中不可缺少的方便食品。这么受欢迎的方便面，安藤百福是怎么发明出来的呢？

安藤百福，华裔日本人，他在 1985 年发明了世界上第一包“鸡肉拉面”方便面。其实，他的发明灵感在很早以前就有了。第二次世界大战后，日本食品严重不足，人们想吃一碗拉面，就要排很长的队。看到这个现象后，安藤百福心想：如果能有一种可以快速冲食的面条就好了——这是他关于方便面的最初的灵感。可是当时的安藤百福正在忙自己的事业，这个想法也就没

▲ 方便面的发明者安藤百福

▼ 方便面

有实施。后来，一场变故使安藤百福的事业毁于一旦，“从头再来”的他选择了食品行业。当方便面的灵感再次闪现在他的脑海中时，他决定将它发明出来。他租了一个小屋，用一台旧制面机开始了他的试验，一次又一次的试验虽不成功，却让他对研发工作愈加痴迷。有一天，当他看到饭桌上的油炸菜时，突然灵感迸发，这不就是他苦苦寻求的“妙法”吗——油炸可以使面条上出现“洞眼”，加入开水后，很快就会变软。兴奋的他马上开始了研究，经过多次试验，终于发明了“鸡肉拉面”方便面。后来在不断的改进中，他又发明了装方便面的杯状盒，使“桶面”开始流行起来。安藤百福因而被人们尊称为“方便面之父”。

我爱发明

策　　划 | 高　欣

品牌运营 | 孙　莉

销售总监 | 彭美娜

执行编辑 | 陈　静

营销编辑 | 王晓琦　张　颖

技术编辑 | 李　雁

装帧设计 | 高高国际

微信公号 | 高高国际

法律顾问 | 北京万景律师事务所　创始合伙人　贺芳　律师